今すぐ使えるかんたん

ぜったいデキます！

Excel
改訂第2版

マクロ&VBA
超入門

Imasugu Tsukaeru Kantan Series
Excel Macro & VBA Cho-Nyumon

技術評論社

この本の特徴

1 ぜったいデキます！

✓ 操作手順を省略しません！

解説を一切省略していないので、
途中でわからなくなることがありません！

✓ あれもこれもと詰め込みません！

操作や知識を盛り込みすぎていないので、
スラスラ学習できます！

✓ なんどもくり返し解説します！

一度やった操作もくり返し説明するので、
忘れてしまってもまた思い出せます！

2 文字が大きい

✓ たとえばこんなに違います

大きな文字で読みやすい	大きな文字で読みやすい	大きな文字で読みやすい
ふつうの本	見やすいといわれている本	この本

3 専門用語は絵で解説

✓ 大事な操作は言葉だけではなく絵でも理解できます

左クリックのアイコン	ドラッグのアイコン	入力のアイコン	Enterキーのアイコン

4 オールカラー

✓ 2色よりもやっぱりカラー

2色	カラー

目 次

1 マクロとVBAの基本を知ろう

2 記録マクロを作ろう

CONTENTS

目 次

5 実用的なプログラムを作ろう

6 ボタンからプログラムを実行しよう

7 フォームを作ろう

8 マクロ&VBAの困ったを解決しよう

サンプルファイルの ダウンロードについて

本書では、解説に使用しているサンプルファイルを利用して学習することができます。サンプルファイルは、以下の方法でダウンロードしてください。

https://gihyo.jp/book/2024/978-4-297-14126-4/support/

1 ブラウザで上記のホームページにアクセスし、「サンプルファイル（DL用data.zip）」を左クリックします。

2 ブラウザ右上の「フォルダーに表示」を左クリックします。

3 「DL用data.zip」をダブルクリックします。

4 「DL用data」フォルダーを、「デスクトップ」にドラッグ＆ドロップします。

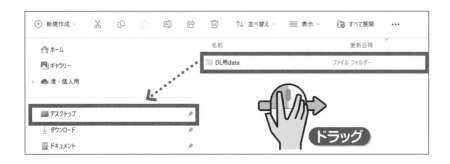

5 「DL用data」フォルダーを
ダブルクリックします。

6 ファイルの内容が表示されます。

名前	状態
4章（完成例）.xlsm	⊘
会議室予約表（完成例）.xlsm	⊘
会議室予約表（未完成）.xlsx	⊘
支店別売上目標（完成例）.xlsm	⊘
支店別売上目標（未完成）.xlsx	⊘
社内研修参加者リスト（完成例）.xlsm	⊘
社内研修参加者リスト（未完成）.xlsx	⊘

1 | マクロとVBAの基本を知ろう

この章で学ぶこと

- ●「マクロ」で何ができるかわかりますか?

- ●「VBA」の意味を理解していますか?

- ●マクロを作る2つの方法を知っていますか?

- ●エクセルを起動できますか?

- ●「開発」タブを表示できますか?

- ●セキュリティの設定ができますか?

01 » マクロって何?

> マクロを使うと、毎回繰り返し行っている操作を自動化できます。
> エクセルのマクロを使うと、何が便利になるのか知りましょう。

マクロとは?

エクセルでは、1つの作業を行うために、複数の操作が必要になる場合があります。複数の操作を一度に実行するための命令書のことを、**マクロ**と言います。マクロによって、同じ操作を繰り返し行う手間を省くことができます。

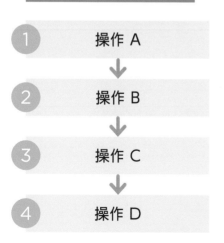

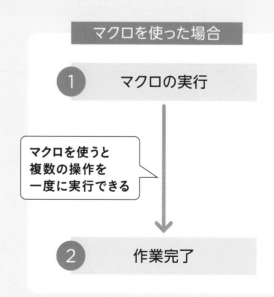

マクロを使うと
複数の操作を
一度に実行できる

マクロで何ができるの？

1 複数の操作を自動で行えます

本書では、表のデータを消去したり、シートをコピーしたりするなど、**複数の操作を自動的に行うマクロ**を作成します。

2 メッセージを表示できます

マクロを使うと、エクセルの画面上に**メッセージ**を表示できます。第5章では、シートをコピーするかどうかをたずねるオリジナルのメッセージを作成します。

オリジナルのメッセージを表示する

3 フォーム画面を作成できます

第7章では、**フォーム**というオリジナルの入力画面を作成します。

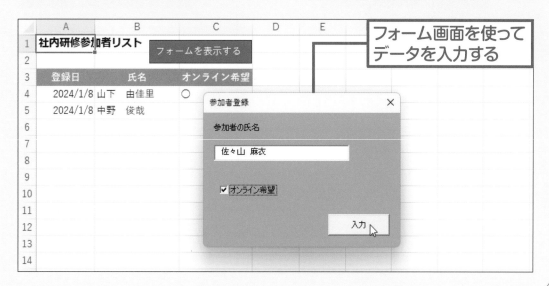

フォーム画面を使ってデータを入力する

02 » VBAって何?

マクロの内容は、VBAというプログラミング言語を使って書かれています。
ここでは、「マクロ」と「VBA」の関係を知りましょう。

VBAとは?

VBA (Visual Basic for Applications) とは、マクロを作成するときに使うプログラミング言語のことです。

マクロの実態は、VBAを使って書かれた**操作の命令書**のようなものです。

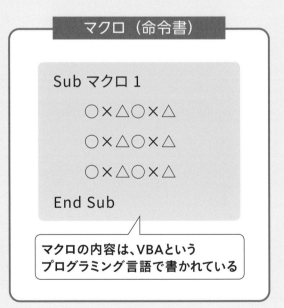

| 実行する内容 | マクロ（命令書） |

1 操作 A
↓
2 操作 B
↓
3 操作 C
↓
4 操作 D

```
Sub マクロ1
    ○×△○×△
    ○×△○×△
    ○×△○×△
End Sub
```

マクロの内容は、VBAという
プログラミング言語で書かれている

マクロとVBAの関係は？

マクロは、**プログラム**の一種です。プログラムとは、人間がコンピューターにやってもらいたいことをまとめた命令です。

エクセルでマクロを作成するには、VBAという**プログラミング言語**を使ってプログラムを作成する必要があります。

エクセルの機能を使えば、VBAを知らなくてもマクロを作成することはできます。ただし、作成したマクロの内容を確認したり修正したりするためには、**VBAの基本的なルール**を知っておく必要があります。

マクロ

VBA

```
Sub データの消去 ()
        Range("B4:C7").Select
        Selection.ClearContents
End Sub
```

マクロを構成する1行1行がVBAという
プログラミング言語によって記述されている

03 » マクロを作る方法を知ろう

> マクロを作るには、「エクセルにマクロを作ってもらう方法」と「自分でいちから
> プログラムを書く方法」があります。

📖 エクセルにマクロを作ってもらう方法

記録マクロという機能を使うと、エクセルを操作するだけで、マクロを自動で作成できます。記録マクロを利用すると、VBAを知らなくても、マクロを作成することができます。記録マクロは、次の手順で操作します。記録マクロについて、詳しくは第2章で解説を行います。

記録マクロの操作手順

1 操作の記録を開始する

↓

2 エクセルで操作する

↓

3 操作の記録を終了する

↓

4 操作した内容が記録マクロになる

自分でいちからプログラムを書く方法

いちからプログラムを書いてマクロを作成するときは、14ページで説明したVBAというプログラミング言語を使います。VBAを使うときは、エクセルの画面とは別の**VBE（Visual Basic Editor）**という画面を使います。詳しくは第3章〜第8章で解説を行います。

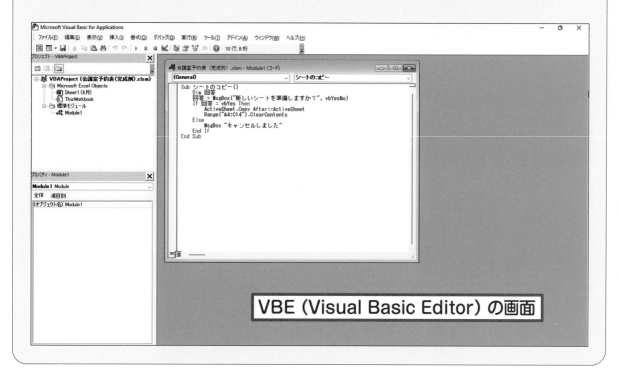

VBE（Visual Basic Editor）の画面

コラム 記録マクロはあとから編集できる

記録マクロを使って作成したマクロも、実際にはVBAに変換されて保存されています。そのため、VBAを使っていちから作成したプログラムと同様に、VBEの画面を使ってあとから編集することができます。

04 » エクセルを起動しよう

マクロを作成するには、エクセルの準備が必要です。
Windows 11でエクセルを起動して、新しいファイルを開きましょう。

1 「スタート」ボタンを左クリックします

画面下の

スタートボタン
を

左クリックします。

スタートメニューが
表示されます。

を

左クリックします。

2 エクセルを起動します

アプリの一覧から、

を

左クリックします。

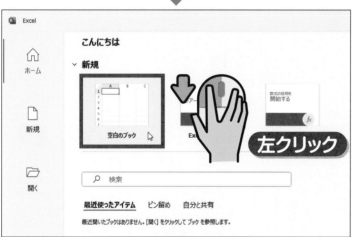

エクセルが起動します。

を

左クリックします。

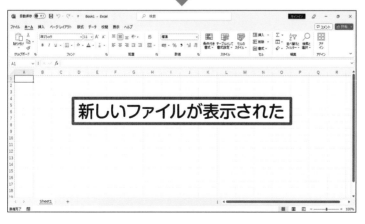

新しいファイルが
表示されます。

✔ ポイント

エクセルを終了するには、ウィンドウの右上隅の ☒ を左クリックします。

05 » マクロを作成する 準備をしよう

マクロを作成したり編集したりするには「開発」タブを使います。
前準備として、エクセルで「開発」タブを表示しましょう。

1 「ファイル」タブを左クリックします

エクセルを起動し、
ファイル タブを
左クリックします。

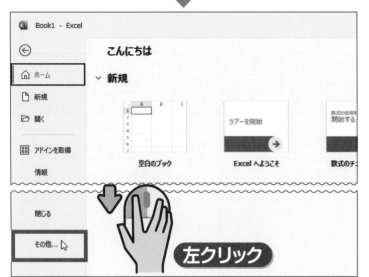

その他... を
左クリックします。

2 「オプション」画面を開きます

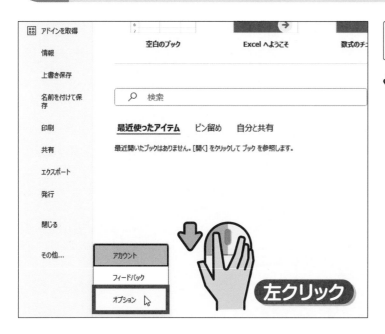

 を

左クリックします。

3 「リボンのユーザー設定」を開きます

「Excelのオプション」
画面が表示されます。

左側の

 を

左クリックします。

4 「開発」タブを表示します その1

右側の

☐ 開発 の

☐を

左クリックします。

5 「開発」タブを表示します その2

☐が ✓ に変わります。

これで「開発」タブが
表示されるように
なります。

6 「Excelのオプション」画面を閉じます

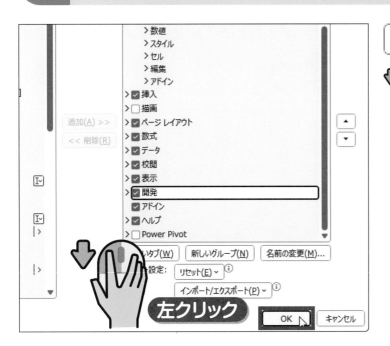

OK を

左クリックします。

7 「開発」タブが表示されました

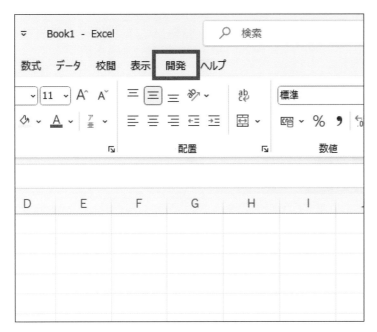

エクセルの画面に、

開発 タブが

表示されました。

06 » セキュリティの設定を確認しよう

悪意のあるマクロからパソコンを守るために、最初はマクロが実行できない設定になっています。セキュリティの設定内容を確認しておきましょう。

1 「開発」タブを左クリックします

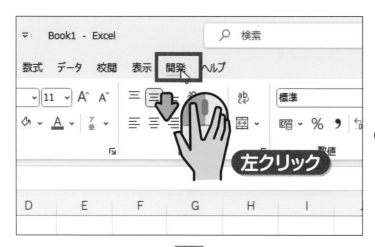

 タブを

左クリックします。

ポイント

「開発」タブは、20ページの操作で表示しておきます。

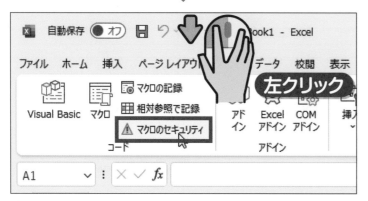

 を

左クリックします。

トラスト センター

信頼できる発行元
信頼できる場所
信頼済みドキュメント
信頼できるアドイン カタログ
アドイン
ActiveX の設定
マクロの設定
保護ビュー
メッセージ バー
外部コンテンツ
ファイル制限機能の設定
プライバシー オプション
フォームベースのサインイン

マクロの設定

○ 警告せずに VBA マクロを無効にする (M)
● 警告して、VBA マクロを無効にする (A)
○ 電子署名されたマクロを除き、VBA マクロを無効にする (G)
○ VBA マクロを有効にする (推奨しません。危険なコードが実行され

□ VBA マクロが有効な場合に Excel 4.0 のマクロを有効にする (X)

開発者向けのマクロ設定

□ VBA プロジェクト オブジェクト モデルへのアクセスを信頼する(V)

「トラストセンター」画面
が表示されます。

 が

選択されていることを
確認します。

✓ ポイント

> 選択された状態は、●です。○に
> なっている場合は、左クリックし
> て●に変更します。

る (M)
(A)
マクロを無効にする (G)
せん。危険なコードが実行される可能性があります)(N)

のマクロを有効にする (X)

アクセスを信頼する(V)

OK を

左クリックします。

これで、
マクロを利用する
準備が整いました。

左クリック

OK   キャンセル

練習問題

1 マクロとは何ですか?

❶ 操作を自動的に実行するための命令書のようなもの

❷ エクセルのワークシートに入力する計算式のこと

❸ エクセルの画面上部に並んでいるタブのこと

2 VBA（Visual Basic for Applications）とは何ですか?

❶ マクロを作成するときに使う画面のこと

❷ マクロを作成するときに使うプログラミング言語のこと

❸ アプリを起動するスタート画面のこと

3 マクロを作成したり編集したりするときに利用するタブは
どれですか?

❶ ホーム　　❷ 数式　　❸ 開発

2 記録マクロを作ろう

この章で学ぶこと

● 「記録マクロ」で何ができるかわかりますか?

● エクセルでファイルを開けますか?

● 記録マクロを作成できますか?

● 記録マクロを実行できますか?

● マクロを記録したファイルを保存できますか?

● マクロを記録したファイルを開けますか?

01 » この章でやること ～記録マクロを作る

> この章では、セルのデータを消去する記録マクロを作成します。記録マクロを作成する手順を確認しましょう。

セルのデータを消去する記録マクロを作る

ここでは、セルのデータを自動的に消去する**記録マクロ**を作成します。

	A	B	C	D	E	F
1	**支店別売上目標**		**2024** 年度			
2						
3	支店名	上期	下期	合計		
4	東京支店	55	60	115		
5	大阪支店	60	65	125		
6	札幌支店	40	45	85		
7	広島支店	35	40	75		
8	合計	190	210	400		

B4セル〜C7セルには
データが入力されている

	A	B	C	D	E	F
1	**支店別売上目標**		**2024** 年度			
2						
3	支店名	上期	下期	合計		
4	東京支店			0		
5	大阪支店			0		
6	札幌支店			0		
7	広島支店			0		
8	合計	0	0	0		

B4セル〜C7セルのデータを
自動的に消去する記録マクロ
を作成する

記録マクロを作成する手順

ここでは、次のような手順で記録マクロの作成を行います。

1 マクロの記録を開始します。

2 セルのデータを消去する操作を行います。

	A	B	C	D	E	F
1	**支店別売上目標**		2024	年度		
2						
3	支店名	上期	下期	合計		
4	東京支店	55	60	115		
5	大阪支店	60	65	125		
6	札幌支店	40	45	85		
7	広島支店	35	✛40	75		
8	合計	190	210	400		
9						

Delete

3 マクロの記録を終了します。

02 » 「支店別売上目標」の ファイルを開こう

「支店別売上目標」の未完成ファイルを開きます。
8ページの方法で、ファイルを準備しておきます。

1 ファイルを開く準備をします

18ページの方法で、
エクセルを起動します。

 タブを

左クリックします。

 を

左クリックします。

2 保存先を選ぶ画面を開きます

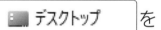 参照 を

 左クリックします。

3 ファイルの保存先を選びます

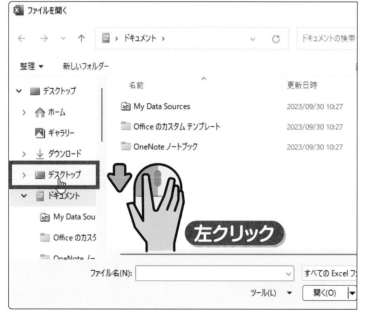

デスクトップ を

左クリックします。

次へ ▶

4 ファイルを選びます

DL用data を

右クリックします。

✓ **ポイント**

ここでは、デスクトップの「DL用data」フォルダーに「支店別売上目標（未完成）」のファイルが保存されていることを前提として解説を行います。ファイルが保存されていない場合は、8ページの方法で保存してください。

開く(O) を

左クリックします。

「支店別売上目標（未完成）」ファイルを

左クリックします。

5 ファイルを開きます

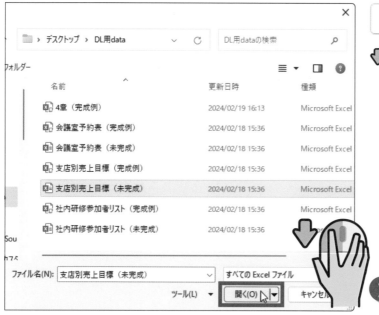

開く(O) ▼ を

左クリックします。

6 ファイルが開きました

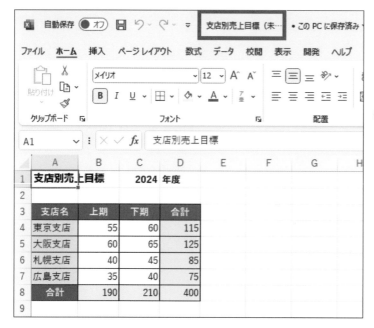

「支店別売上目標
（未完成）」ファイルが
開きました。

✅ ポイント

「保護ビュー」のメッセージバーが
表示された場合は、編集を有効にする(E)
を左クリックして、編集を有効に
します。

03 » 記録マクロを作ろう

記録マクロは、エクセルの操作を記録することで作成します。
ここでは、セルのデータを消去する記録マクロを作成します。

1 マクロの記録を開始します

開発 タブを 左クリックします。

マクロの記録 を 左クリックします。

2 記録マクロの名前を入力します

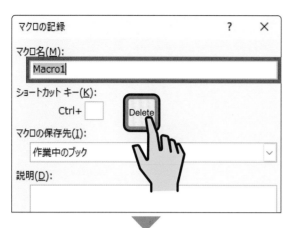

「マクロの記録」画面が
開きます。

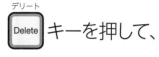キーを押して、
「Macro1」を削除します。

新しいマクロ名を

入力します。

✔ ポイント

ここでは、「データの消去」と入力
しています。

マクロの保存先が

作業中のブック に

なっていることを
確認します。

3 データを消去します

 OK を

左クリックします。

✓ ポイント

これでマクロの記録が始まります。
このあとエクセルで行う操作が記
録されます。記録できない操作も
あります。

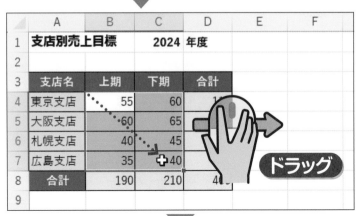

B4セル〜C7セルを

 ドラッグします。

✓ ポイント

D列と8行目には計算式が入って
いるので、選択しないように注意
します。

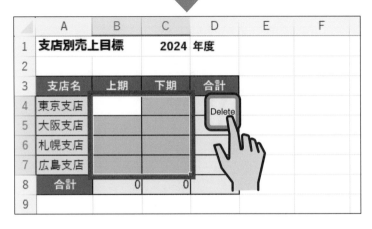

デリート
Delete キーを押します。

すると、
B4セル〜C7セルの
データが消去されます。

4 マクロの記録を終了します

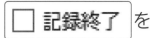 を

 左クリックします。

これで、
データを消去する操作を
マクロに記録できました。

✏️ 途中で操作を間違えたときは?

マクロの記録を開始した後で、エクセルの操作を間違えて

しまったときは、 記録終了 を 左クリックします。

そのあと、もう一度34ページから操作をやり直します。

途中で以下の画面が表示されたら、「はい」を

 左クリックして、操作を進めます。

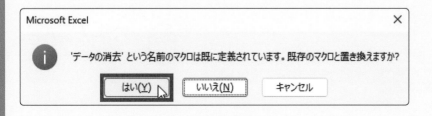

04 » 記録マクロを実行しよう

34ページで作成した「データの消去」の記録マクロを実行します。
セルのデータが自動的に消去されることを確認しましょう。

1 データを入力しておきます

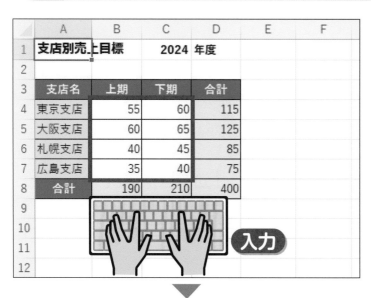

B4セル～C7セルに、
データを

入力します。

開発 タブを

左クリックします。

2 マクロの一覧を表示します

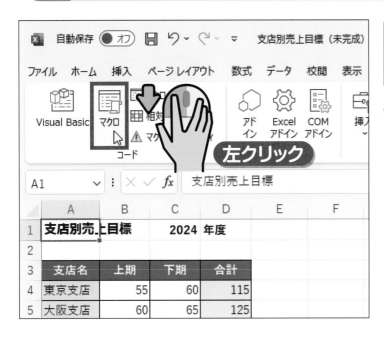

 を

 左クリックします。

3 作成したマクロを確認します

作成したマクロの一覧が
表示されます。

先ほど作成した
「データの消去」マクロが
表示されていることを
確認します。

4 実行したいマクロを選びます

実行したいマクロ（ここでは「データの消去」）を

左クリックします。

5 マクロを実行します

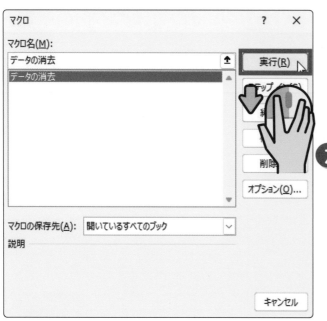

実行(R) を

左クリックします。

6 マクロが実行されました

	A	B	C	D	E	F
1	支店別売上目標		2024 年度			
2						
3	支店名	上期	下期	合計		
4	東京支店			0		
5	大阪支店			0		
6	札幌支店			0		
7	広島支店			0		
8	合計	0	0	0		
9						
10						
11						
12						
13						
14						

マクロが実行されて、
B4セル～C7セルの
データが自動的に
消去されました。

コラム

✍️ 「データの消去」マクロの内容

ここで実行した「データの消去」マクロは、34ページの方法で記録マクロとして登録したエクセルの操作の内容です。マクロを実行すると、以下の3つの操作が連続して行われ、データが消去されます。

❶ B4セル～C7セルを 🖱️➡️ ドラッグする

❷ _{デリート} Delete キーを押す

❸ B4セル～C7セルのデータが消去される

05 » マクロを記録した ファイルを保存しよう

マクロを記録したファイルを保存しましょう。
ファイルの種類を「マクロ有効ブック」として保存します。

1 ファイルを保存する準備をします

ファイル タブを

左クリックします。

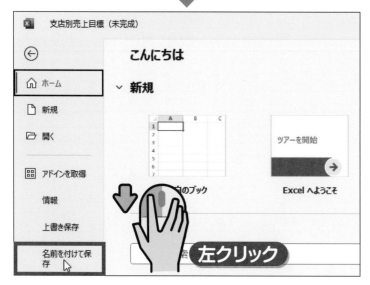

名前を付けて保存 を

左クリックします。

2 保存先を選ぶ画面を表示します

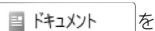 参照 を

 左クリックします。

左クリック

3 ファイルの保存先を選びます

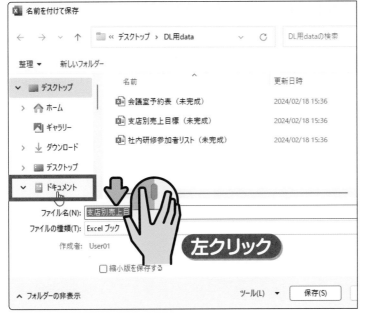

ドキュメント を

左クリックします。

左クリック

 次へ ▶

4 ファイルの種類を変更します

ファイルの種類(T): の

右側にある  を

左クリックします。

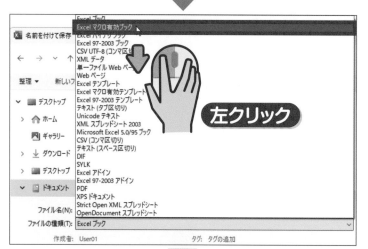

Excel マクロ有効ブック を

左クリックします。

ファイルの種類(T): が

「Excel マクロ有効
ブック」になったことを
確認します。

✓ ポイント

「Excel ブック」のままでは、マク
ロが保存されないので注意しま
しょう。

5 ファイル名を入力します

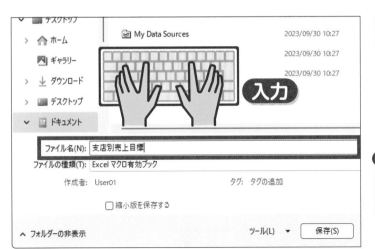

ファイル名(N): の右側に、

ファイルの名前を

 入力します。

✅ ポイント

ここでは、「支店別売上目標」と
入力しています。

保存(S) を

左クリックします。

マクロを記録した
ファイルを
保存できました。

エクセルを終了します。

06 » マクロを記録した ファイルを開こう

42ページで保存した「支店別売上目標」のファイルを開きます。
マクロを記録したファイルを開くと、メッセージが表示されます。

1 ファイルを開く準備をします

18ページの方法で、
エクセルを起動します。

 タブを

左クリックします。

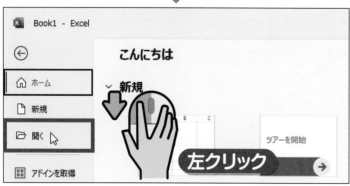

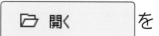 を

左クリックします。

2 保存先を選ぶ画面を表示します

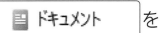 を

 左クリックします。

左クリック

3 ファイルの保存先を選びます

📄 ドキュメント を

左クリックします。

左クリック

4 ファイルを選びます

開きたいファイル
（ここでは
「支店別売上目標」）を

 左クリックします。

5 ファイルを開きます

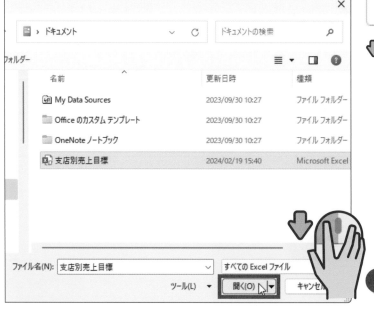

開く(O) ▼ を

左クリックします。

6 セキュリティの警告が表示されます

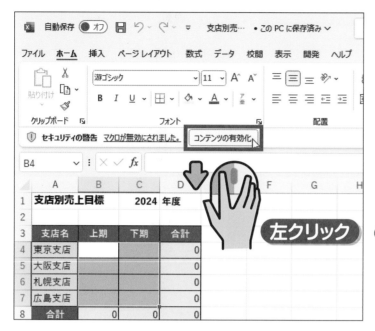

画面上部に、
セキュリティの警告が
表示されます。

 を

左クリックします。

✓ ポイント

「セキュリティリスク」のメッセージが表示された場合は、196ページを参照してください。

7 マクロを記録したファイルが開きました

セキュリティの警告が
消えて、マクロを使える
ようになりました。

✓ ポイント

次回からは、「支店別売上目標」を開くときにセキュリティの警告は表示されません。

練習問題 🖊

1 記録マクロとは何ですか?

❶ VBEでいちから書くマクロのこと

❷ エクセルの操作を記録するマクロのこと

❸ マクロを保存すること

2 マクロの一覧を表示する「マクロ」画面を表示するときに、左クリックするボタンはどれですか?

❶ 🔲 マクロの記録　❷ Visual Basic　❸ マクロ

3 マクロが記録されたファイルを保存するときに指定するファイル形式はどれですか?

❶ Excel マクロ有効ブック

❷ Excel ブック

❸ テキストファイル

3 記録マクロを修正しよう

この章で学ぶこと

- ●記録マクロをVBE画面で開けますか?
- ●VBE画面の名称がわかりますか?
- ●マクロを修正できますか?
- ●VBE画面からエクセルの画面に戻れますか?
- ●修正したマクロを実行できますか?
- ●修正したマクロを上書き保存できますか?

01 » この章でやること ～記録マクロを修正する

この章では、第2章で作成した記録マクロを修正します。
マクロの修正には、VBEの画面を使います。

📖 データを消去するセルを追加する

ここでは、セルのデータを消去する記録マクロを修正します。

	A	B	C	D	E	F
1	**支店別売上目標**		**2024**	年度		
2						
3	支店名	上期	下期	合計		
4	東京支店			0		
5	大阪支店			0		
6	札幌支店			0		
7	広島支店			0		
8	合計	0	0	0		

第2章では、B4セル～C7セルのデータを消去する記録マクロを作成した

	A	B	C	D	E	F
1	**支店別売上目標**			年度		
2						
3	支店名	上期	下期	合計		
4	東京支店			0		
5	大阪支店			0		
6	札幌支店			0		
7	広島支店			0		
8	合計	0	0	0		

この章では、B4セル～C7セルに加えて、C1セルのデータも消去するように記録マクロを修正する

VBE画面を使って修正する手順

記録マクロの内容を表示したり修正したりするときは、
VBE（Visual Basic Editor）の画面を利用します。

1 表示したいマクロを選択します。

2 VBEの画面が表示されます。この画面を使って、
記録マクロの内容を修正します。

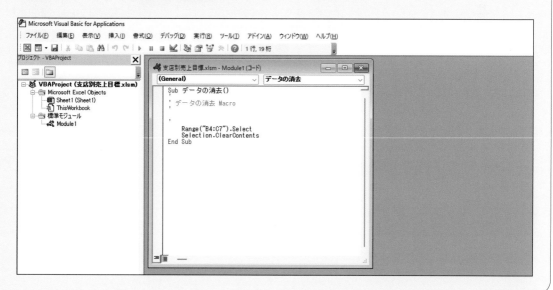

02 » 記録マクロを表示しよう

第2章で記録した「データの消去」マクロの内容を、VBEで開きましょう。
VBE画面の各部名称と役割も覚えましょう。

1 「開発」タブを左クリックします

18ページの方法で、エクセルを起動します。

46ページの方法で、第2章で保存した「支店別売上目標」のファイルを開きます。

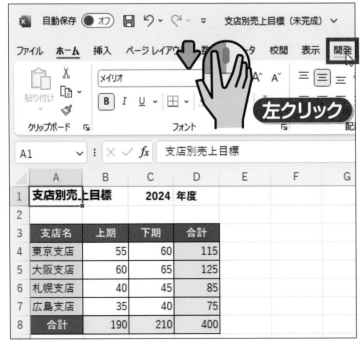

開発 タブを

左クリックします。

2 マクロの一覧を表示します

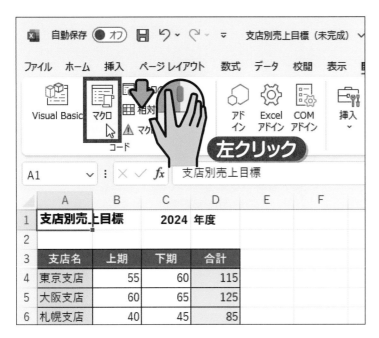

 を

 左クリックします。

3 表示したいマクロを選びます

「マクロ」画面が
表示されます。

表示したいマクロ
(ここでは「データの
消去」)を

 左クリックします。

 次へ

4 VBEの画面を開きます

編集(E) を

左クリックします。

左クリック

5 VBEの画面が表示されます

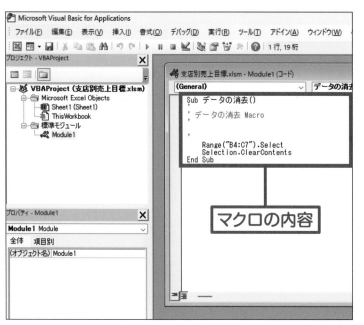

マクロの内容

VBEの画面が
表示されました。

「データの消去」
マクロの内容が
表示されます。

次のページで、VBE
画面の名称について
学びましょう。

056

VBE画面の各部名称

VBE画面の各部名称を理解しましょう。

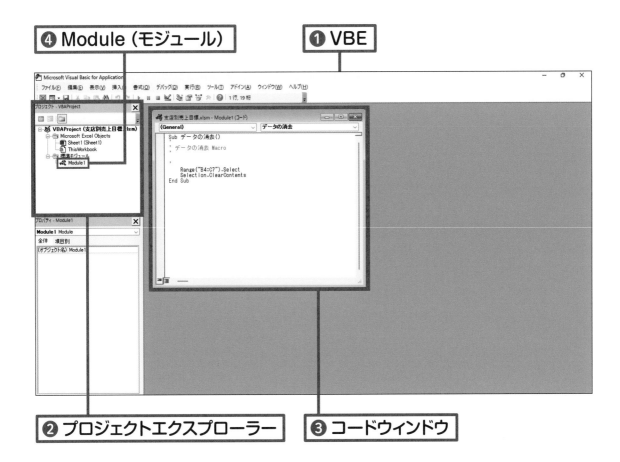

❹ Module (モジュール)

❶ VBE

❷ プロジェクトエクスプローラー

❸ コードウィンドウ

❶ VBE
この画面全体を「VBE」と呼びます。
VBEを使って、マクロを編集します。

❷ プロジェクトエクスプローラー
プロジェクトエクスプローラーには、
マクロの一覧が表示されます。

❸ コードウィンドウ
マクロの内容が表示される画面です。
この画面でマクロの修正を行います。

❹ Module (モジュール)
記録したマクロは、「Module」という
場所に書かれています。

03 » 記録マクロの内容を見てみよう

VBEのコードウィンドウには、記録されたマクロの内容が表示されます。
ここでは、「データの消去」マクロの内容を詳しく見てみましょう。

📖 「データの消去」マクロをVBEに表示します

54ページの方法で、「データの消去」マクロの内容を
VBEの画面に表示しておきます。

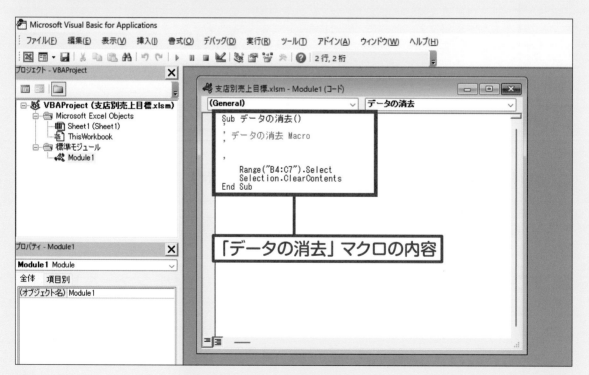

マクロのルールを覚えましょう

マクロには、守らなければいけない**ルール**があります。
あらかじめルールを知っておきましょう。

● **マクロの始まりと終わり**

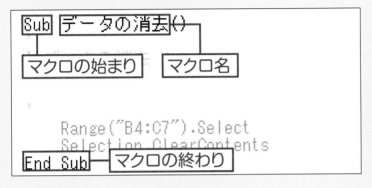

記録したマクロは、
「Sub」で始まり
「End Sub」で
終わります。
「Sub」のうしろが
マクロ名です。

● **コメント**

先頭に「'」(シングルクォー
テーション)がついた
緑の行は、コメントです。
コメントはマクロ内の
メモなので、プログラム
とは関係ありません。

● **マクロの内容**

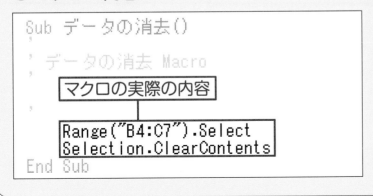

ここでは、「End Sub」の
前の2行が、実際の
マクロの内容です。

04 » 記録マクロの一部を削除しよう

VBEの画面を使うと、ワープロ感覚で記録マクロを修正できます。
ここでは、記録された操作の中で、余分な操作を削除します。

1 VBEの画面を表示します

54ページの方法で、「データの消去」マクロの内容をVBEの画面に表示しておきます。

「データの消去」マクロの内容

2 マクロの一部を削除します

```
Sub データの消去()
' データの消去 Ma
'
'
    Range("B4:C7").Select
    Selection.ClearContents
End Sub
```

左クリック

「Select」の左側に

カーソル

I を移動して、

左クリックします。

```
Sub データの消去()
' データの消去 Mac
'
'
    Range("B4:C7").Select
    Selection.ClearContents
End Sub
```

ドラッグ

「Select」から
「Selection.」までを

ドラッグします。

```
Sub データの消去()
' データの消去 Macro
'
'
    Range("B4:C7").Select
    Selection.ClearContents
End Sub
```

デリート

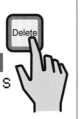キーを押します。

Delete

次へ

061

3 マクロが修正されました

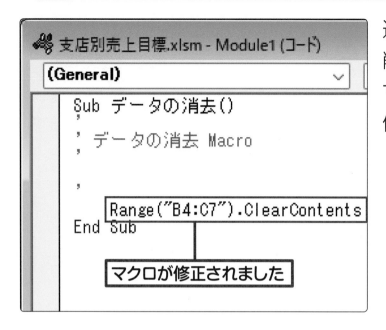

選択した範囲が
削除され、
マクロが
修正されました。

4 「Range」と「"」について

「Range("B4:C7").Select」の「Range("")」は、セルの範囲を指定する命令です。「"」（ダブルクォーテーション）で囲まれた部分に、指定したいセル範囲を記述します。

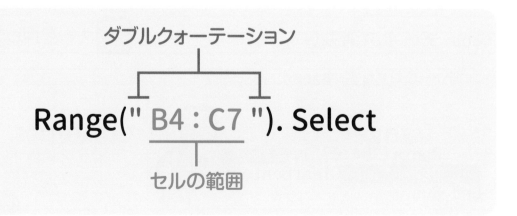

5　修正した内容について

記録マクロには、セルを選択する操作なども記録されます。ここでは
セルを選択する操作は不要なので、61ページの手順で削除しました。

1行目の「Select」は、「選択する」という命令です。
「Range("B4:C7").Select」は、「B4セル～C7セルを選択する」と
いう意味です。
2行目の「Selection」は、選択したセル範囲という意味です。
「ClearContents」は、「データを消去する」という命令です。
「Selection.ClearContents」で、「選択したセル範囲のデータを
消去する」という意味になります。

ここではこれら2つの命令文を、1つの命令文に修正しました。

Range(" B4:C7 ").Select

B4セル～C7セルを選択する

Selection.ClearContents

選択したセル範囲のデータを消去する

Range(" B4:C7 ").ClearContents

B4セル～C7セルのデータを消去する

05 » 記録マクロに命令を追加しよう

61ページで修正した記録マクロを、さらに修正します。
ここでは、C1セルのデータも消去するように修正します。

1 VBEの画面を表示します

54ページの方法で、「データの消去」マクロの内容を
VBEの画面に表示しておきます。

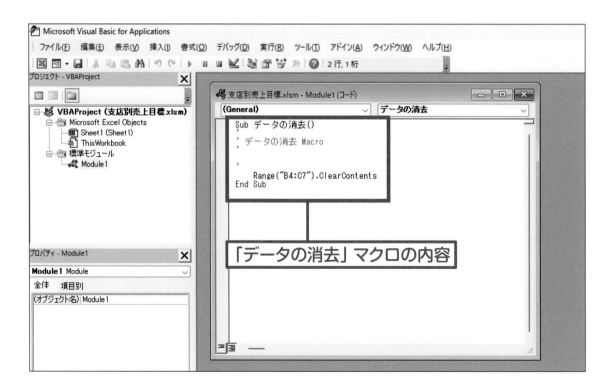

2 セル番地を追加します

```
Sub データの消去()
' データの消去 Macro     左クリック
,

    Range("B4:C7").ClearContents
End Sub
```

「B4」の左側に

カーソル
$\mathcal{I}$ を**移動**して、

左クリックします。

```
Sub データの消去()
' データの消去 ...        入力
,

    Range("C1B4:C7").ClearContents
End Sub
```

「C1」と

入力します。

✓ **ポイント**

マクロの内容は、半角英数字で
入力します。

```
Sub データの消去()
' データの消去 ...        入力
,

    Range("C1,B4:C7").ClearContent
End Sub
```

「,」(カンマ)を

入力します。

3 マクロを修正できました

```
支店別売上目標.xlsm - Module1 (コード)

(General)

Sub データの消去()

' データの消去 Macro

'
    Range("C1,B4:C7").ClearCo
End Sub
```

「C1,B4:C7」に
修正できました。

4 「：」と「,」について

「Range("C1, B4:C7").ClearContents」の「Range("")」は、セル
の範囲を指定する命令です。連続したセル範囲は「：」(コロン)で、
離れたセル範囲は「,」(カンマ)で指定します。

コロン(連続したセルを指定)

Range(" C1 , B4 ： C7 ").ClearContents

カンマ(離れたセルを指定)

5 「ClearContents」について

「ClearContents」は、「データを消去する」という命令です。「Range("C1,B4:C7").ClearContents」は、「Rangeで指定したセル範囲のデータを消去する」という命令になります。

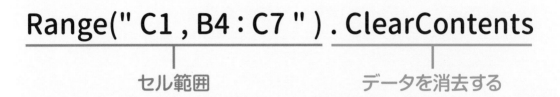

$$\underbrace{\text{Range(" C1 , B4 : C7 ")}}_{\text{セル範囲}} \cdot \underbrace{\text{ClearContents}}_{\text{データを消去する}}$$

6 修正した内容について

ここでは、B4セル〜C7セルに加えて、C1セルのデータを消去するように、セル範囲の指定を変更しました。

$$\underbrace{\text{Range(" B4 : C7 ") . ClearContents}}_{\text{B4セル〜C7セルのデータを消去する}}$$

$$\underbrace{\text{Range(" C1, B4 : C7 ") . ClearContents}}_{\text{C1セルとB4セル〜C7セルのデータを消去する}}$$

06 » 修正した記録マクロを実行しよう

65ページで修正した「データの消去」マクロを実行します。
追加したC1セルのデータも消去されることを確認しましょう。

1 エクセルの画面に切り替えます

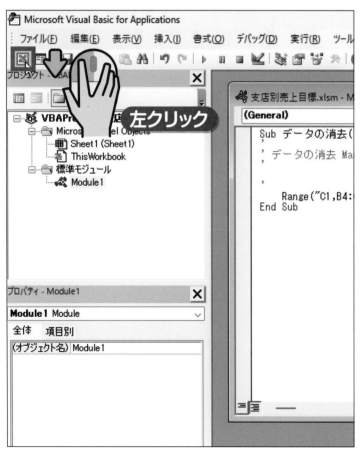

エクセル画面に
切り替えます。

VBEで  を

左クリックします。

2 修正したマクロを実行します

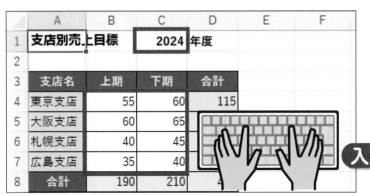

C1セルと、B4セル〜
C7セルにデータを

 入力します。

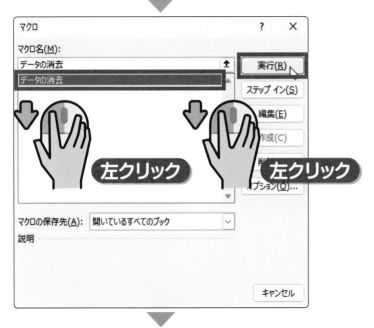

54ページの方法で、
「マクロ」画面を
表示します。
修正したマクロ（ここで
は「データの消去」）を

 左クリックします。

| 実行(R) | を

 左クリックします。

マクロが実行されて、
B4セル〜C7セルに
加えてC1セルのデータ
も消去されました。

07 » 修正した記録マクロを 上書き保存しよう

修正した記録マクロを上書き保存します。
ファイルを上書き保存すると、マクロも一緒に保存されます。

1 記録マクロを上書き保存します

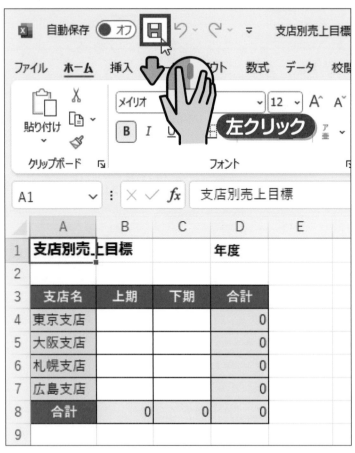

画面左上の  を

左クリックします。

2 記録マクロを上書き保存できました

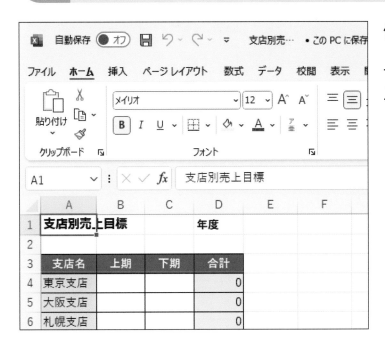

修正した記録マクロを、
上書き保存できました。
エクセルを終了します。

 VBEの画面でも上書き保存できる

VBEの画面の

上書き保存

左上にある  を

左クリックして、

マクロを上書き保存
することもできます。

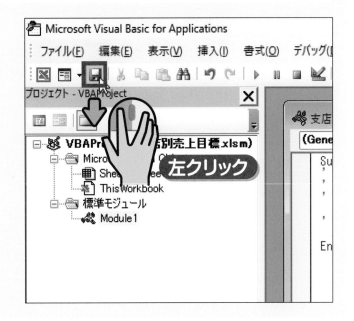

練習問題

1 VBE（Visual Basic Editor）とは何ですか?

❶ マクロを作成したり編集したりする画面のこと

❷ マクロを作成するときに使うプログラミング言語のこと

❸ エクセルのワークシートのこと

2 次のうち、マクロで実行する内容が書かれている部分は
どこですか?

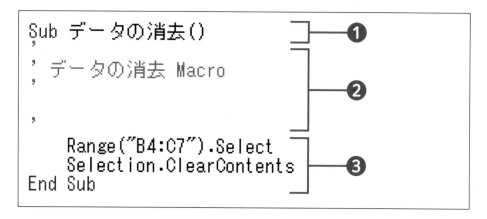

```
Sub データの消去()                    ── ❶

' データの消去 Macro                   ── ❷
'
    Range("B4:C7").Select
    Selection.ClearContents           ── ❸
End Sub
```

3 VBEの画面からエクセルの画面に切り替えるときに、
左クリックするボタンはどれですか?

❶ 　　❷ 　　❸

4 | いちからプログラムを書こう

この章で学ぶこと

- ●VBE画面でプログラムを書く場所を用意できますか？

- ●「標準モジュール」の意味を理解していますか？

- ●コードウィンドウを開けますか？

- ●プログラムの始まりを宣言できますか？

- ●プログラムを書くルールを知っていますか？

- ●入力したプログラムを実行できますか？

01 » この章でやること ～いちからプログラムを作る

ここからは記録マクロの機能を使わずに、いちからプログラムを作ってみましょう。この章では、VBEの画面にプログラムを入力する基本操作を学びます。

📖 メッセージを表示するプログラム

この章では、かんたんなメッセージを表示するプログラムを作成します。プログラムは、**VBA**（Visual Basic for Applications）というプログラミング言語を使って、**標準モジュール**という場所に書きます。

エクセルとVBEは切り替えて使う

VBAでプログラムを作るときは、**VBEの画面**を使います。

プログラムの実行結果を確認するときは、エクセルの画面を使います。

Alt + F11 キーを押すと、VBE画面とエクセルの画面を交互に

切り替えられます。

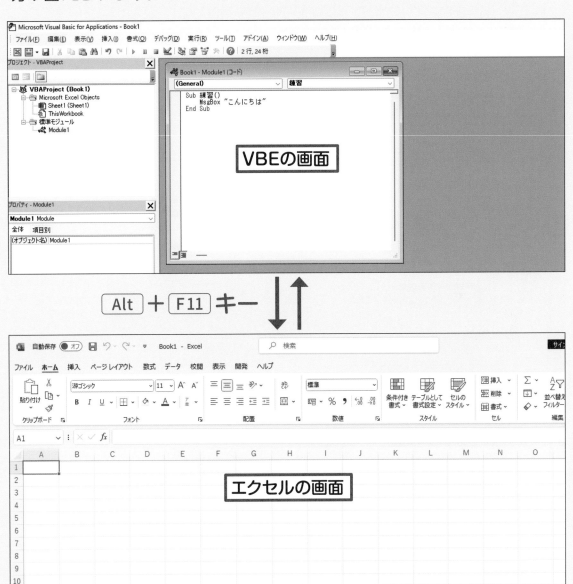

02 » プログラムを書く場所を用意しよう

VBEの画面を開いて、プログラムを書く場所を用意しましょう。
「標準モジュール」という場所を準備します。

1 VBEの画面を開きます

18ページの方法でエクセルを起動し、「空白のブック」を開きます。

 タブを

 左クリックします。

を

 左クリックします。

✓ ポイント

Alt + F11 キーを押しても、VBE の画面を表示できます。

2 標準モジュールを追加する準備をします

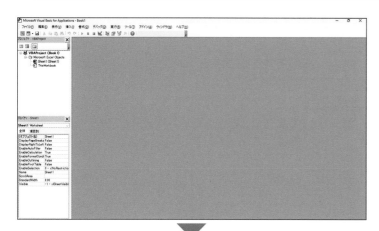

VBEの画面が
表示されます。

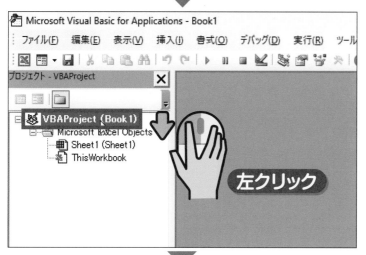

標準モジュールを
追加するプロジェクト

を

 左クリックします。

✓ ポイント

VBAProject (Book1) の括弧内には、
ファイル名が表示されます。

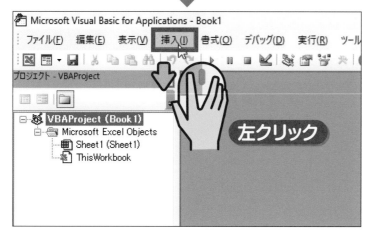

挿入(I) を

 左クリックします。

次へ ▶

3 標準モジュールを追加します

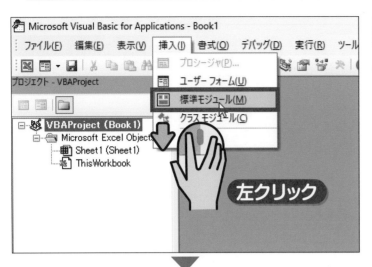

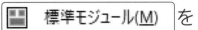 

標準モジュール(M) を

左クリックします。

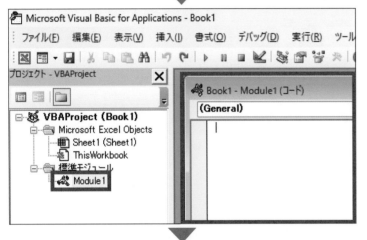

標準モジュール
「Module1」が
追加され、
コードウィンドウが
表示されます。

コードウィンドウの

閉じる

を

左クリックします。

コードウィンドウが
閉じます。

標準モジュールと「Module1」

標準モジュールは、基本的なプログラムを書く場所です。

標準モジュールを追加すると、「**Module1**」という名前の
標準モジュールが追加されます。

プログラムは、「Module1」の中に記述していきます。

「Module1」が表示されていない場合は、

標準モジュールの左の⊞を 左クリックします。

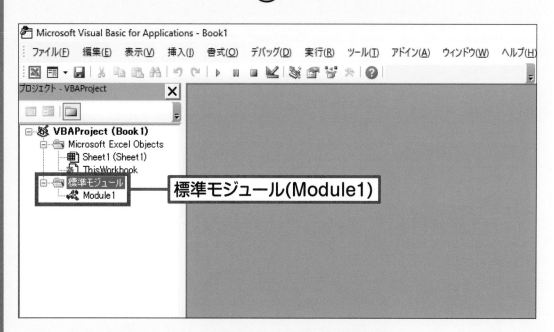

標準モジュール(Module1)

なお、第2章の方法で記録マクロを作成すると、
「Module1」が自動的に追加されます。

記録した内容はVBAに変換され、「Module1」の中に
プログラムとして保存されます。

03 » プログラムを書く準備をしよう

77ページで追加した標準モジュールの「Module1」を開いて、プログラムを作成します。プログラムの名前を入力して、プログラムを書く準備をします。

1 Module1のコードウィンドウを開きます

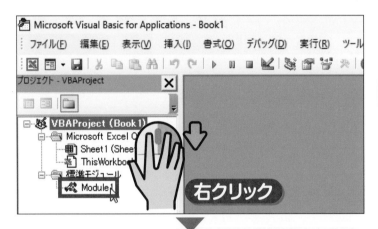

プロジェクトエクスプローラーで、

 を

右クリックします。

 を

左クリックします。

ポイント

プログラムの命令文のことを、コードと言います。コードを書くウィンドウのことを、コードウィンドウと言います。

2 プログラムを書く準備をします

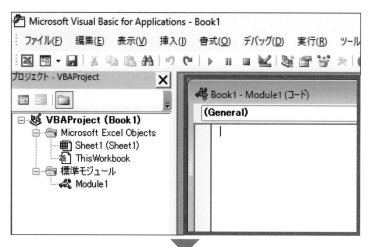

「Module1」の
コードウィンドウが
表示されます。
ここにプラグラムを
書いていきます。

入力

「sub」と

入力します。

これがプログラムの
始まりになります。

✓ ポイント

英字の大文字／小文字は、どち
らで入力してもかまいません。

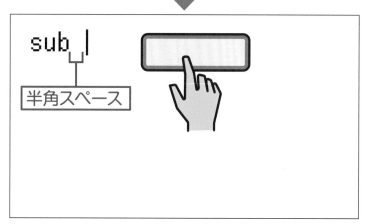

sub
半角スペース

スペース

キーを

1回押して、
半角スペースを

入力します。

次へ ▶

081

3 プログラムの名前を指定します

半角/全角/漢字 キーを押して、

日本語入力モードに

切り替えます。

プログラムの名前

（ここでは「練習」）を

入力します。

✓ ポイント

VBAでは、基本的に半角英数
字で入力しますが、プログラムの
名前は日本語で入力することもで
きます。

エンター
Enter キーを押します。

4 プログラムを書く準備ができました

```
Sub 練習()

End Sub
```

自動的に()が入力され、
1行空けて
「End Sub」と
表示されます。

✓ ポイント

「Sub」や「End Sub」など、VBAの書き方として決まっている重要な言葉などは、青い文字で表示されます。

コラム

 「Sub」と「End Sub」

VBAの基本的なプログラムは、「Sub」から始まり「End Sub」で終了します。この間に、行いたい処理を書いていきます。

Sub プログラム名 () ＜ ここから始まる

この間に処理を書く

End Sub ＜ ここで終わる

04 » プログラムを書こう

いよいよ、プログラムを書いてみましょう。
ここでは、メッセージを表示するプログラムを書いてみます。

1 メッセージを表示するプログラム

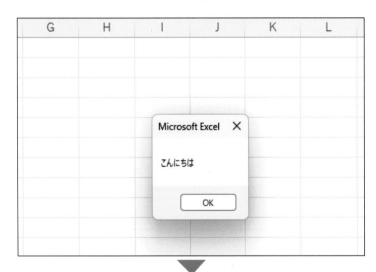

それでは、
いよいよプログラムを
書いていきましょう。

ここでは、左のような
メッセージを
表示するプログラムを
書いていきます。

83ページの画面を
開いておきます。

```
Sub 練習()
|
End Sub
```

2 プログラムを書く準備をします

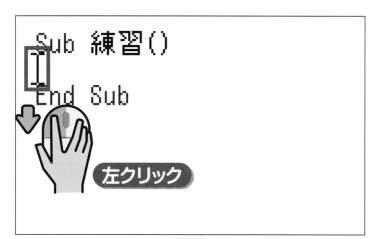

「Sub 練習 ()」の
次の行の行頭を

左クリックします。

タブ
Tab キーを押します。

文字カーソル
| が右に移動します。

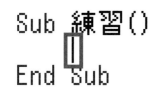

✓ ポイント

ここでは、プログラムが見やす
いように、Tab キーを押して文
字カーソルの位置を右にずらし
ています。

次へ ▶

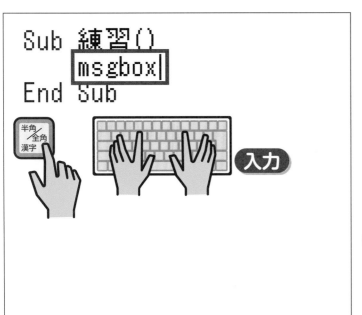

 キーを押して、

半角英数モードに

切り替えます。

「msgbox」と

 入力します。

スペース
キーを

押します。

「"」（ダブルクォーテーション）を

入力します。

4 メッセージを表示します　その2

```
Sub 練習()
    msgbox "こんにちは
End  MsgBox(Prompt, [Buttons
```

入力

 キーを押して、

日本語入力モードに

切り替えます。

「こんにちは」と

 入力します。

✔ ポイント

メッセージに文字を表示する場合は、文字列を「"」で囲みます。

```
Sub 練習()        I
    msgbox "こんにちは"
              ox(Prompt, [Buttons
```

入力

半角英数に切り替え、

「"」を

 入力します。

```
Sub 練習()
    MsgBox "こんにちは"
End Sub I
```

左クリック

ほかの行を

 左クリックし、

内容を確認します。

✔ ポイント

ほかの行を左クリックすると、大文字と小文字、全角半角などが自動的に調整されます。「msgbox」は「MsgBox」になります。

05 » プログラムを実行しよう

プログラムは、VBEの画面から実行することができます。
VBAを使って作成したプログラムを、VBEの画面から実行してみましょう。

1 プログラムを選択します

VBEの画面で、
プログラムの中を

左クリックします。

文字カーソル

| が表示されます。

2 プログラムの名前を確認します

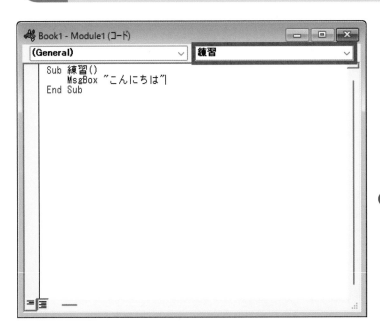

コードウィンドウ右上の

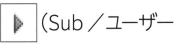に、

実行するプログラムの
名前が表示されている
ことを確認します。

ポイント

プログラムの名前は、82ページ
で入力した文字列になります。

3 プログラムを実行します

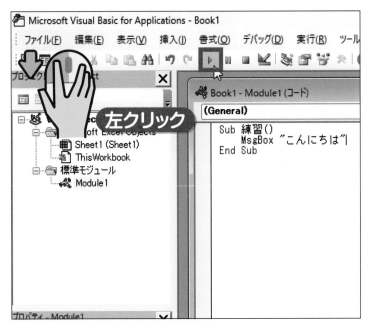

 (Sub／ユーザー

フォームの実行)を

左クリックします。

4 プログラムが実行されます

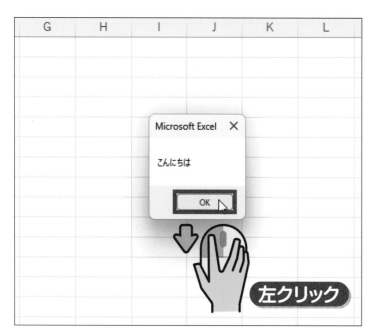

プログラムが
実行され、
エクセルの画面に
メッセージが
表示されます。

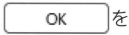を

左クリックします。

5 VBEの画面に戻ります

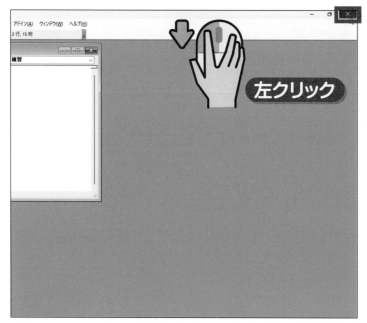

VBEの画面に戻ります。

を

左クリックします。

6 エクセルを終了します

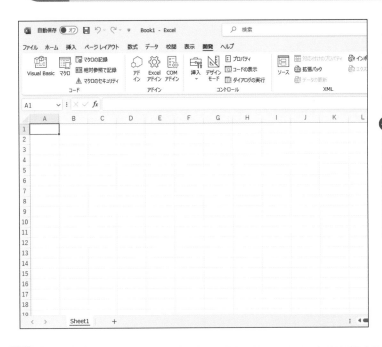

エクセルの画面に
戻ります。
エクセルを終了します。

✓ ポイント

ここでは、ファイルを保存せずに
エクセルを終了します。プログラ
ムが入ったファイルを保存する方
法は、42ページを参照してくだ
さい。

コラム

✨🖊️ エクセルの画面からプログラムを実行するには

エクセルの画面からプログラムを実行するには、
38ページの方法で「マクロ」画面を開きます。

実行するプログラム名を

 左クリックして、

実行(R) を

 左クリックします。

練習問題

1 記録マクロが書かれている場所や、
基本的なプログラムを書く場所は、どこですか?

　❶ 標準モジュール

　❷ フォーム

　❸ プロパティウィンドウ

2 次のうち、プログラムの名前はどれですか?

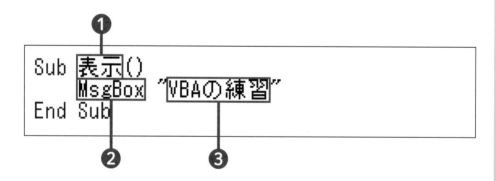

3 プログラムを書くときに、文字カーソルを右に字下げするとき
に押すキーは、どれですか?

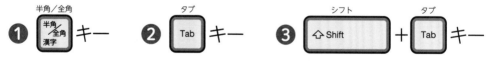

5 実用的なプログラムを作ろう

この章で学ぶこと

● 新しいプログラムを書く準備ができますか?

●「変数」を正しく理解できていますか?

● MsgBox(メッセージボックス)関数を使えますか?

● If(イフ)文を使えますか?

● プログラムを実行できますか?

01 » この章でやること ～シートをコピーする プログラムを作る

この章では、VBAを使って実用的な処理を行うプログラムを作成します。
メッセージを表示して、「はい」や「いいえ」で処理を選べるようにします。

シートをコピーするプログラム

ここでは、**シートをコピーする**プログラムを書きます。

単純にシートをコピーするだけではなく、メッセージを表示して、

処理の内容を選べるプログラムを作成します。

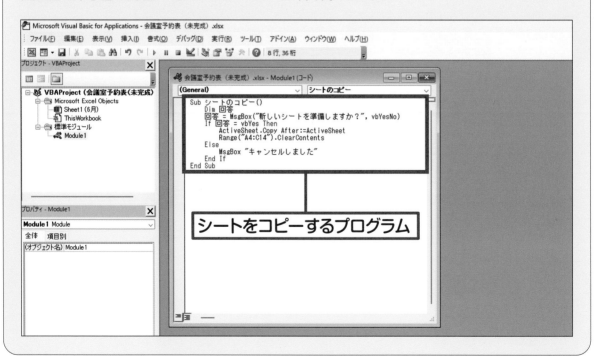

シートをコピーするプログラム

メッセージを表示する

ここではMsgBox（メッセージボックス）関数を使って、
以下のようなメッセージを表示します。

 # 処理を分ける

If（イフ）文を使って、メッセージボックスで左クリックした
ボタンによって処理を分けます。

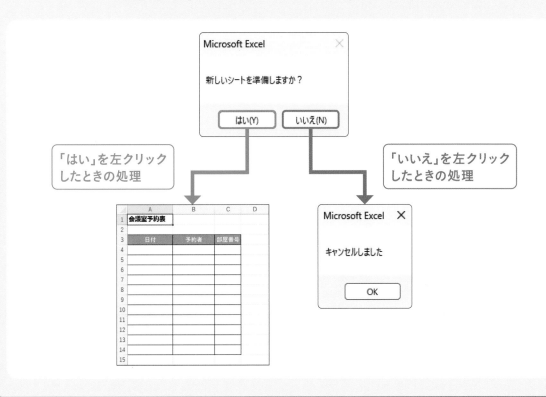

02 » 新しいプログラムを作成しよう

> 77ページの方法で、標準モジュールを追加します。
> ここでは、「シートのコピー」という新しいプログラムを作成します。

1 プログラムを作成する準備をします

	A	B	C	D	E	F
1	会議室予約表					
2						
3	日付	予約者	部屋番号			
4	2024/6/3(月)	川野　祐也	101			
5	2024/6/11(火)	橋本　友佳	103			
6	2024/6/12(水)	池野　大輔	101			
7	2024/6/17(月)	大久保　隆	101			
8	2024/6/21(金)	増田　奈穂美	103			
9	2024/6/25(火)	橋本　友佳	102			
10	2024/6/26(水)	大久保　隆	102			
11	2024/6/28(金)	鈴木　彩	101			
12						

エクセルを起動して、「会議室予約表（未完成）」ファイルを開いておきます。

Microsoft Visual Basic for Applications - 会議室予約表（未完成）.xlsx

ファイル(F)　編集(E)　表示(V)　挿入(I)　書式(O)　デバッグ(D)　実行(R)　ツール

プロジェクト - VBAProject

会議室予約表（未完成）

(General)

VBAProject（会議室予約表〈未完成）
　Microsoft Excel Objects
　　Sheet1 (6月)
　　ThisWorkbook
　標準モジュール
　　Module1

76ページの方法でVBEを起動し、標準モジュールを追加します。「Module1」のコードウィンドウが開きます。

2 プログラムを作成します

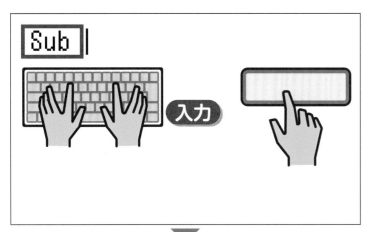

「Sub」と

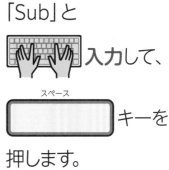入力して、

スペースキーを

押します。

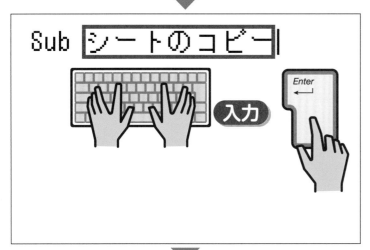

プログラムの名前
(ここでは「シートの
コピー」)を

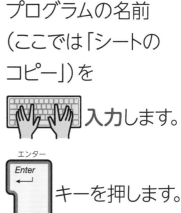入力します。

エンター
Enterキーを押します。

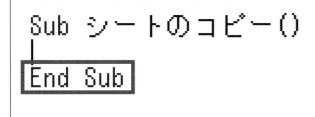

自動的に()が入力され、
1行空けて
「End Sub」と
表示されます。

03 » 変数を使おう

> プログラムの中で、データを入れるために使う箱のことを「変数」と言います。
> ここでは、変数を使う準備をしましょう。

変数とは?

変数とは、プログラムの中で利用するデータを一時的に
保存しておく場所のことです。

変数には、数字や文字などを保存しておくことができます。

数字　　文字

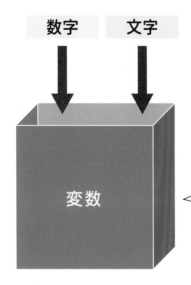

変数

「変数」を使うと、プログラムで
利用するデータを一時的に
保存しておくことができる

変数名とは?

変数は、プログラムの中で複数利用することができます。
変数を区別するために、それぞれの変数には名前をつけます。
この名前のことを**変数名**と言います。

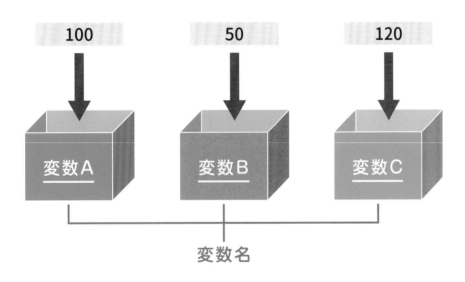

変数名

変数宣言とは?

変数を使うときは、最初に「変数を使いますよ」という宣言を行います。
これを**変数宣言**と呼びます。
変数宣言は、最初に「Dim」と入力し、半角スペースを空けてから、変数名を入力します。

半角スペース

Dim 変数名

変数宣言

04 » 変数を宣言しよう

変数を使うときは、あらかじめ宣言を行います。
変数を使うための準備をしましょう。

1 「Dim」と入力します

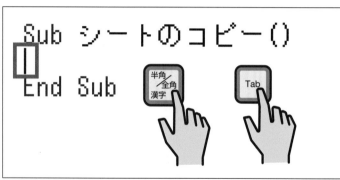

半角/全角
半角/全角/漢字 キーを押して、
半角英数モードに
切り替えます。

タブ
Tab キーを押します。

入力

文字カーソル
| が右に移動します。

「Dim」と

 入力します。

✓ ポイント

ここではプログラムが見やすい
ように、Tab キーを押して文字
カーソルの位置を右にずらしてい
ます。

100

2 変数名を入力します

 キーを

押して、

半角スペースを

入力します。

変数名
（ここでは「回答」）を

入力します。

✓ ポイント

変数名は、半角でも全角でも入力できます。ただし、同じプログラムの中で同じ変数名をつけることはできません。

 入力

これで、
「回答」という名前の
変数を宣言できました。

05 ≫ MsgBox関数を使おう

> VBAでは、関数を使うことができます。
> ここでは、メッセージを表示する関数を使ってみましょう。

📖 関数とは?

VBAには、特定の処理を行うための関数があらかじめ用意されています。関数を使うと、複雑な計算ができたり、メッセージを表示したりできます。

なお、エクセルのワークシートで使う関数は**ワークシート関数**と呼びます。VBAで使う関数は**VBA関数**と呼びます。

● ワークシート関数

● VBA関数

メッセージボックスとは?

以下のような画面を**メッセージボックス**と呼びます。メッセージボックスは、**MsgBox関数**を使って表示することができます。

メッセージボックスを利用すると、左クリックされたボタンによって、実行する処理の内容を変えることができます。

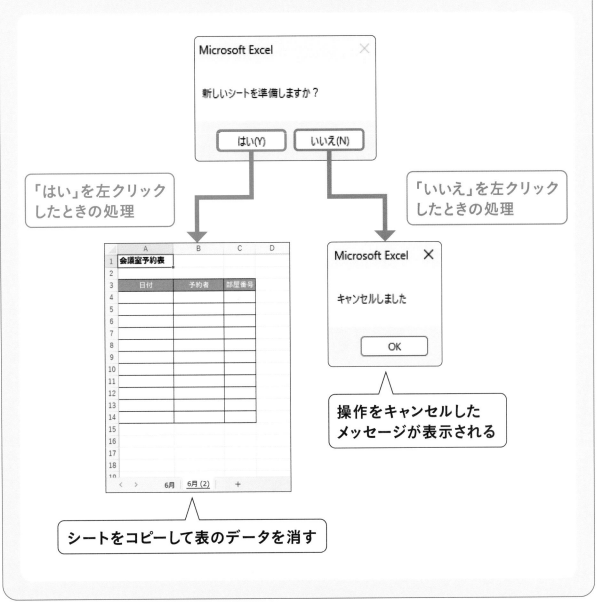

「はい」を左クリックしたときの処理

「いいえ」を左クリックしたときの処理

操作をキャンセルしたメッセージが表示される

シートをコピーして表のデータを消す

06 » メッセージボックスを表示しよう

MsgBox（メッセージボックス）関数を使って、
メッセージボックスを表示してみましょう。

1 改行します

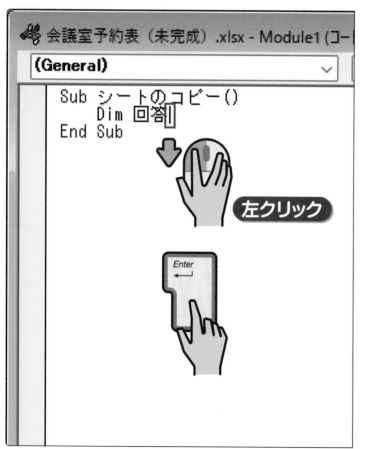

「Dim 回答」の
行の末尾を

 左クリックします。

エンター
 キーを押します。

104

2 改行できました

```
Sub シートのコピー()
      Dim 回答
      |
End Sub
```

改行され、

文字カーソル

| が

次の行に移動しました。

✓ ポイント

自動的に直前の行と同じ位置に
字下げされます。

3 MsgBox関数を入力します

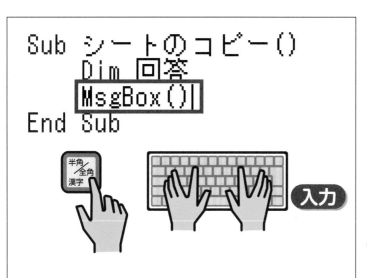

```
Sub シートのコピー()
      Dim 回答
      MsgBox()|
End Sub
```

入力

半角/全角

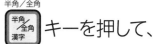 キーを押して、

半角英数モードに
切り替えます。

「MsgBox()」と

 入力します。

✓ ポイント

()の中には、このあとの操作で
「引数(ひきすう)」を入力します。

4 引数（ひきすう）とは?

引数を使うと、関数を実行するために必要な情報を提供することができます。

MsgBox関数の引数に文字を入力すると、メッセージボックス内にその文字が表示されます。

5 引数を入力する位置を左クリックします

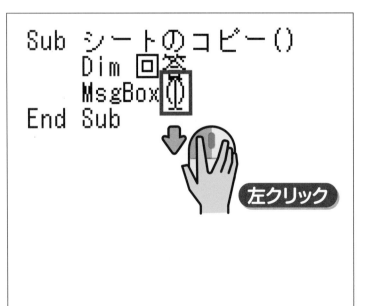

「MsgBox」の
「()」の間を

 左クリックします。

6 引数を入力します

```
Sub シートのコピー()
    Dim 回答
    MsgBox("")
End Sub
```

半角英数字で、
「"」(ダブルクォーテー
ション)を

入力します。

✔ ポイント

「"」は、 Shift キーを押しなが
ら②のキーを押して入力します。

```
Sub シートのコピー()
    Dim 回答
    MsgBox("新しいシートを準備しますか?")
End Sub
```

表示するメッセージ
(ここでは「新しいシー
トを準備しますか?」)を

入力します。

```
Sub シートのコピー()
    Dim 回答
    MsgBox("新しいシートを準備しますか?")
End Sub
```

半角英数字で、
「"」(ダブルクォーテー
ション)を

入力します。

✔ ポイント

メッセージ以外の文字は、半角
英数字で入力しましょう。

7 2つ目の引数を入力する準備をします

```
Sub シートのコピー()
    Dim 回答
    MsgBox("新しいシートを準備しますか？",)
End
    MsgBox(Prompt [Buttons As VbMsgBoxStyle = vbOKO
                                        vbApplica
                                        vbCritical
                                        vbDefault
                                        vbDefault
                                        vbDefault
                                        vbDefault
```

入力

半角英数字で、
「,」(カンマ)を

入力します。

✔ ポイント

入力候補が表示されても、その
まま次の操作に進みましょう。

8 2つ目の引数を入力します

```
Sub シートのコピー()
    Dim 回答
    MsgBox("新しいシートを準備しますか？",vbYesNo)
End Sub
```

入力

半角英数字で、
「vbYesNo」と

入力します。

✔ ポイント

コードが赤い文字で表示されて
も、そのまま次の操作に進みま
しょう。

9 2つの引数を入力できた

これで、MsgBox関数に2つの引数を入力できました。

MsgBox ("新しいシートを準備しますか？", vbYesNo)

1つ目の引数　　　　　　　　　　　2つ目の引数

10 左クリックされたボタンで結果が変わります

MsgBox関数の引数に「vbYesNo」と入力すると、

はい(Y) と いいえ(N) の2つのボタンが表示されます。

MsgBox関数では、どのボタンが左クリックされたのかを
特別な値によって知ることができます。

MsgBox ("新しいシートを準備しますか？", vbYesNo)

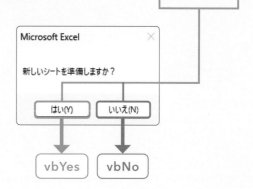

109

```
Sub シートのコピー()
    Dim 回答
    |MsgBox("新しいシートを準備しますか?"
End Sub
```

「MsgBox」の前を

左クリックします。

ポイント

コードが赤い文字で表示されても、そのまま次の操作に進みましょう。

```
Sub シートのコピー()
    Dim 回答|
    回答=MsgBox("新しい  を準備します
End Sub
```

「回答=」と

入力します。

ほかの行を

左クリックします。

```
Sub シートのコピー()
    Dim 回答|
    回答 = MsgBox("新しいシートを準備しま
End Sub
```

「=」の前後に、
半角のスペースが
自動的に入ります。

ポイント

日本語入力モードがオンの状態で「=」や「"」を全角で入力してしまった場合も、半角英数字に自動的に調整されます。

12 代入とは?

前ページで入力した「＝」の前後で、式は右辺と左辺に分かれます。
このプログラムが実行されると、左クリックされたボタンを示す右辺
の値が、左辺の変数「回答」に**代入**されます。この右辺の値（関数で
得た値）のことを、**戻り値**と言います。

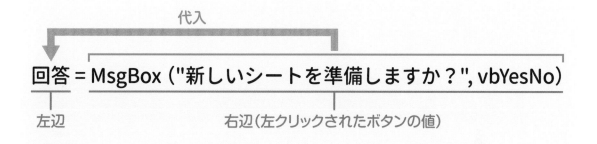

代入

回答 ＝ MsgBox ("新しいシートを準備しますか？", vbYesNo)

左辺　　　　　　　　右辺（左クリックされたボタンの値）

13 入力した内容を確認します

下の画面のように入力できたことを確認します。

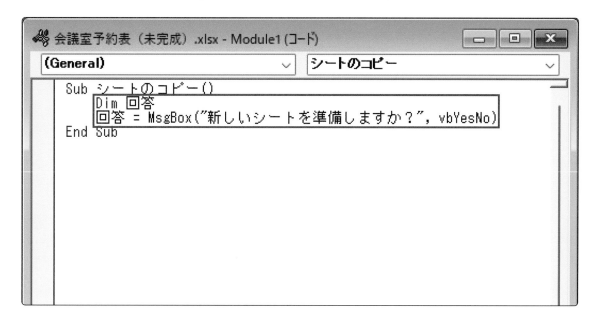

07 » If文で処理を変えよう

条件によって処理を分けるときには、If（イフ）文を使います。
ここでは、If（イフ）文のしくみを学習しましょう。

If文とは？

If（イフ）文を使うと、条件に一致したときの処理と、一致しなかったときの処理を分けることができます。

ここでは、104ページで作成したメッセージボックスの「はい」を左クリックすると処理A、「いいえ」を左クリックすると処理Bが行われるようにします。

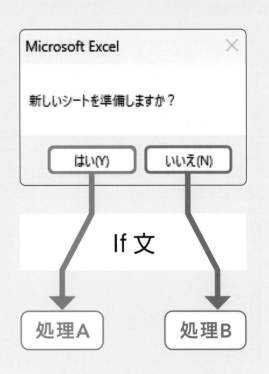

📖 If文の書式

If文は、次のような順番で入力します。

1 最初に条件を指定します。

2 次に、条件に一致したときの処理を指定します。

3 最後に、条件に一致しなかったときの処理を指定します。

If文は、「If Then」の命令で始まり、「End If」で終わります。
ここでは、「メッセージボックスで左クリックされたボタンが「はい」だったら」という条件を指定します**1**。一致した場合は、シートをコピーしてデータを消去する処理を実行します**2**。一致しない場合は、操作をキャンセルするメッセージを表示します**3**。

1 条件を指定
（メッセージボックスで左クリックされたボタンが「はい」だったら）

If 条件 Then ＜ ここから始まる

2 条件に一致したときの処理
（シートをコピーしてデータを消去する）

Else

3 条件に一致しなかったときの処理
（操作をキャンセルするメッセージを表示する）

End If ＜ ここで終わる

08 » 条件を指定しよう

> 最初に、If文の条件を指定します。ここでは、「メッセージボックスで左クリックされたボタンが「はい」だったら」という条件を指定します。

1 VBE画面でコードウィンドウを表示します

111ページの続きで、VBEの画面で「シートのコピー」プログラムのコードウィンドウを表示しておきます。

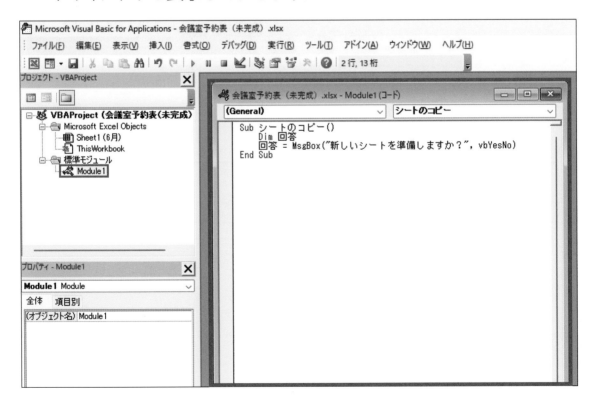

2 If文を入力する準備をします

```
Sub シートのコピー()
    Dim 回答
    回答 = MsgBox("新しいシートを準備しますか?", vbYesNo)|
End Sub
```

「vbYesNo)」のうしろを

左クリックします。

```
Sub シートのコピー()
    Dim 回答
    回答 = MsgBox("新しいシートを準備しますか?", vbYesNo)|
End Sub
```

エンター
Enter キーを押します。

```
Sub シートのコピー()
    Dim 回答
    回答 = MsgBox("新しいシートを準備しますか?", vbYesNo)
    |
End Sub
```

文字カーソル
| が

次の行に移動し、
改行されました。

次へ

115

3 条件を指定する準備をします

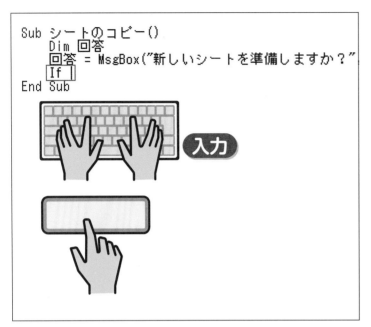

```
Sub シートのコピー()
    Dim 回答
    回答 = MsgBox("新しいシートを準備しますか?"
    If
End Sub
```

入力

半角英数字で「If」と

入力し、

半角のスペースを

入力します。

4 条件を入力します

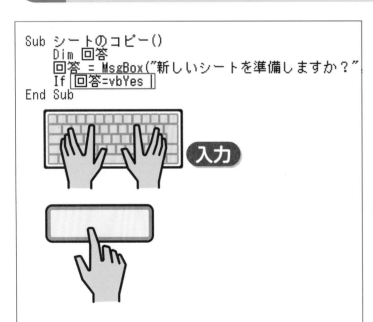

```
Sub シートのコピー()
    Dim 回答
    回答 = MsgBox("新しいシートを準備しますか?"
    If 回答=vbYes
End Sub
```

入力

「回答=vbYes」と

入力し、

半角のスペースを

入力します。

✔ ポイント

条件式は、比較演算子などを使用して指定します。ここで入力した「＝」は、比較演算子で「等しい」という意味です。

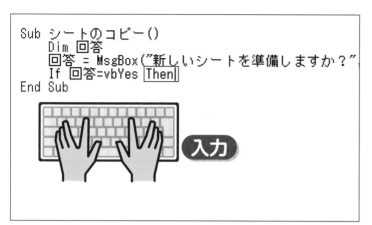

「Then」と

入力します。

「回答 =vbYes」とは、

「左クリックされたボタンが　はい(Y)　だったら」という条件です。

「回答」には、

　はい(Y)　と　いいえ(N)　のどちらを左クリックしたか、

戻り値として格納されています（111ページ参照）。

左クリックされたボタンの値（戻り値）がここに入っている

If 回答 ＝ vbYes Then

条件 ： 左クリックされたボタンが　はい(Y)　(vbYes)だったら

09 » 条件に一致したときの処理を書こう

メッセージボックスで「はい」を左クリックしたときに実行する処理を書きます。ここでは、シートをコピーして、表のデータを消去します。

1 条件に一致したときの処理を確認します

メッセージボックスで はい(Y) が左クリックされたときは、

次の2つの処理が実行されるようにします。

アクティブシート（選択されているシート）をコピーする

コピーしたアクティブシートのA4セル〜C14セルのデータを消去する

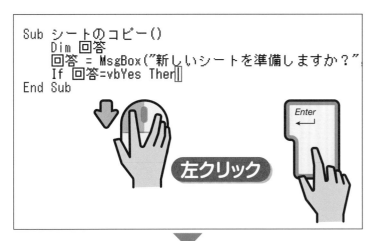

```
Sub シートのコピー()
    Dim 回答
    回答 = MsgBox("新しいシートを準備しますか?"
    If 回答=vbYes Then
End Sub
```

「Then」のうしろを

左クリックします。

エンター

Enter キーを押します。

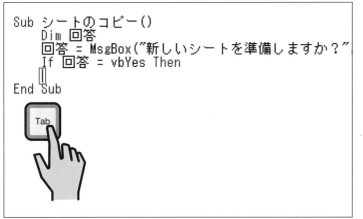

```
Sub シートのコピー()
    Dim 回答
    回答 = MsgBox("新しいシートを準備しますか?"
    If 回答 = vbYes Then

End Sub
```

文字カーソル

| が

次の行に改行されました。

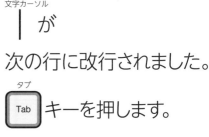

タブ

Tab キーを押します。

```
Sub シートのコピー()
    Dim 回答
    回答 = MsgBox("新しいシートを準備しますか?"
    If 回答 = vbYes Then
        ActiveSheet.Copy
End Sub
```

「ActiveSheet.Copy」と

入力します。

次へ ▶

119

3 シートのコピー先を指定します

```
Sub シートのコピー()
    Dim 回答
    回答 = MsgBox("新しいシートを準備しますか?"
    If 回答 = vbYes Then
        ActiveSheet.Copy□|
End Sub
```

 キーを
押して、
半角スペースを
 入力します。

```
Sub シートのコピー()
    Dim 回答
    回答 = MsgBox("新しいシートを準備しますか?"
    If 回答 = vbYes Then
        ActiveSheet.Copy After:=ActiveSheet|
End Sub
```

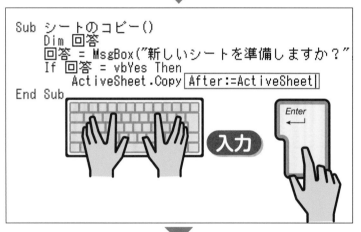

入力

「After:=
ActiveSheet」と
 入力します。

 キーを押します。

```
Sub シートのコピー()
    Dim 回答
    回答 = MsgBox("新しいシートを準備しますか?"
    If 回答 = vbYes Then
        ActiveSheet.Copy After:=ActiveSheet
        Range("A4:C14").ClearContents|
End Sub
```

入力

「Range("A4:C14").
ClearContents」と
 入力します。

✔ ポイント

入力候補が表示されても、その
まま次の操作に進みましょう。

4 ここで入力した内容について

ここで入力した内容は、以下のようになります。

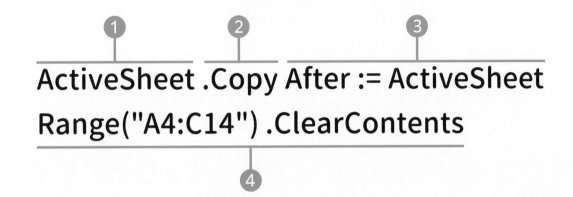

「ActiveSheet」は、「現在選択しているアクティブシート」という意味です❶。そのうしろの「Copy」は、「コピーする」という命令です❷。「ActiveSheet.Copy」で、「アクティブシートをコピーする」という意味になります。「ActiveSheet」と「Copy」の間は、「.」（ピリオド）で区切ります。

「After:=ActiveSheet」では、シートのコピー先を指定しています❸。ここでは「After」なので、アクティブシートのうしろ（右側）を指定しています。

「Range("A4:C14").ClearContents」は、「A4セル～C14セルの範囲のデータを消去する」という意味です❹。コピーしたアクティブシートの、A4セル～C14セルのデータを消去します。「Range」は62ページ、「ClearContents」は67ページを参照してください。

10 » 条件に一致しないときの処理を書こう

メッセージボックスで、「いいえ」を左クリックしたときに実行する処理を書きます。ここでは、「キャンセルしました」のメッセージを表示します。

1 条件に一致しないときの処理を確認します

メッセージボックスで いいえ(N) が左クリックされたときは、次の処理が実行されるようにします。

「いいえ」が左クリックされたら…

「キャンセルしました」のメッセージを表示する

2 条件に一致しないときの処理の入力準備をします

```
Sub シートのコピー()
    Dim 回答
    回答 = MsgBox("新しいシートを準備しますか?"
    If 回答 = vbYes Then
        ActiveSheet.Copy After:=ActiveSheet
        Range("A4:C14").ClearContents|
End Sub
```

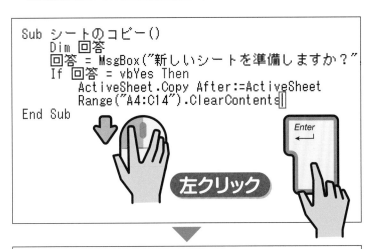

左クリック

120ページの続きです。

行の末尾を

左クリックします。

エンター

Enter キーを押します。

```
Sub シートのコピー()
    Dim 回答
    回答 = MsgBox("新しいシートを準備しますか?"
    If 回答 = vbYes Then
        ActiveSheet.Copy After:=ActiveSheet
        Range("A4:C14").ClearContents
        |
End Sub
```

⇧ Shift ＋ Tab

改行されました。

シフト

⇧ Shift キーを

押しながら、

タブ

Tab キーを押します。

```
Sub シートのコピー()
    Dim 回答
    回答 = MsgBox("新しいシートを準備しますか?"
    If 回答 = vbYes Then
        ActiveSheet.Copy After:=ActiveSheet
        Range("A4:C14").ClearContents
    Else|
End Sub
```

入力

文字カーソル

| が左に移動します。

「Else」と

入力します。

エンター

Enter キーを押します。

次へ ▶

条件に一致しないときの処理を入力します

```
Sub シートのコピー()
    Dim 回答
    回答 = MsgBox("新しいシートを準備しますか?"
    If 回答 = vbYes Then
        ActiveSheet.Copy After:=ActiveSheet
        Range("A4:C14").ClearContents
    Else
        |
End Sub
```

改行されました。

Tab キーを押します。

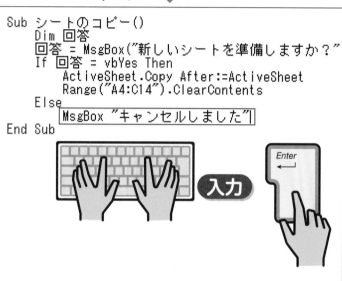

```
Sub シートのコピー()
    Dim 回答
    回答 = MsgBox("新しいシートを準備しますか?"
    If 回答 = vbYes Then
        ActiveSheet.Copy After:=ActiveSheet
        Range("A4:C14").ClearContents
    Else
        MsgBox "キャンセルしました"|
End Sub
```

入力

左のように、
MsgBox関数を

入力します。

キーを押します。

✓ ポイント

MsgBox関数でメッセージだけ
を表示することが目的の場合は、
106ページのように引数を()で
囲む必要はありません。

```
Sub シートのコピー()
    Dim 回答
    回答 = MsgBox("新しいシートを準備しますか?"
    If 回答 = vbYes Then
        ActiveSheet.Copy After:=ActiveSheet
        Range("A4:C14").ClearContents
    Else
        MsgBox "キャ        ビ"
        |
End Sub
```

改行されました。

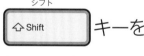キーを

押しながら、

Tab キーを押します。

```
Sub シートのコピー()
    Dim 回答
    回答 = MsgBox("新しいシートを準備しますか?"
    If 回答 = vbYes Then
        ActiveSheet.Copy After:=ActiveSheet
        Range("A4:C14").ClearContents
    Else
        MsgBox "キャンセルしました"
    End If
End Sub
```

入力

「End If」と

入力します。

```
Sub シートのコピー()
    Dim 回答
    回答 = MsgBox("新しいシートを準備しますか?"
    If 回答 = vbYes Then
        ActiveSheet.Copy After:=ActiveSheet
        Range("A4:C14").ClearContents
    Else
        MsgBox "キャンセルしました" I
    End If
End Sub
```

左クリック

ほかの行を

左クリックします。

```
Sub シートのコピー()
    Dim 回答
    回答 = MsgBox("新しいシートを準備しますか?"
    If 回答 = vbYes Then
        ActiveSheet.Copy After:=ActiveSheet
        Range("A4:C14").ClearContents
    Else
        MsgBox "キャンセルしました"
    End If
End Sub
```

「End If」の文字が
青くなります。
If文を入力できました。

✔ ポイント

「If」「Else」「End If」など、VBA
の書き方として決まっている重要
な言葉などは、青い文字で表示
されます。

125

11 » プログラムを実行しよう

作成したプログラムを実行して、正しく動作するかどうか確認しましょう。
MsgBox関数やIf文が正しく動くことを確認します。

1 実行するプログラムを選択します

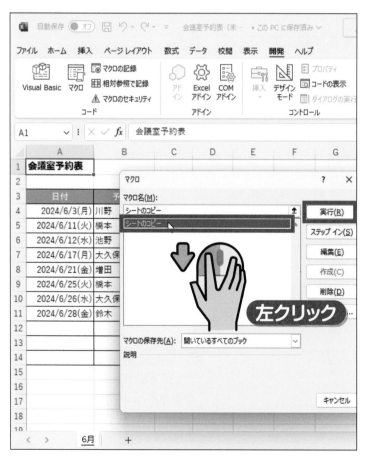

68ページの方法で
エクセルの画面を表示し、
39ページの方法で
「マクロ」画面を
表示します。

「シートのコピー」を

左クリックします。

実行(R) を

左クリックします。

2 プログラムを実行します その1

メッセージボックスが
表示されます。

ここでは、

 を

左クリックします。

3 プログラムを実行します その2

条件に一致しないときの処理（「いいえ」が左クリックされた場合の
処理）が実行されて、メッセージが表示されます。

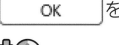 を

左クリックします。

4 プログラムを実行します その3

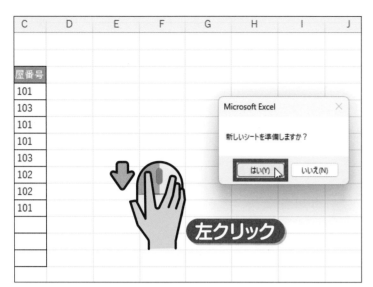

126ページ手順❶の操作を行い、もう一度「シートのコピー」を実行します。

ここでは、

 を

左クリックします。

5 プログラムを実行します その4

アクティブシートがコピーされ、A4セル～C14セルのデータが消去されます。

ポイント

シートをコピーすると、コピーされたシートがアクティブシートになります。そのため、コピー元のシートのA4セル～C14セルのデータは消去されません。

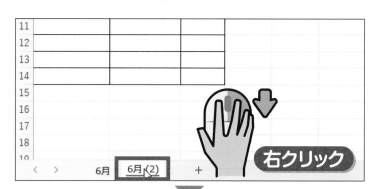

ここでは、コピーした
シートを削除します。

6月 (2) を

 右クリックします。

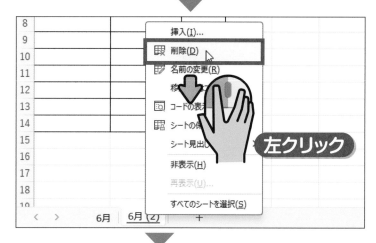

 削除(D) を

左クリックします。

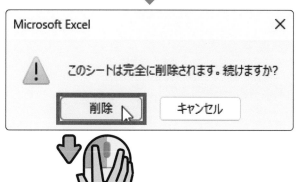

削除 を

 左クリックします。

42ページの方法で、
「Excelマクロ有効ブック」
として「会議室予約表」
の名前で保存します。
エクセルを終了します。

練習問題

1 プログラムの中で使う文字や値などのデータを一時的に保管する役割を持つものは何ですか?

❶ VBA関数

❷ ボタン（コマンドボタン）

❸ 変数

2 「キャンセルしました」というメッセージを画面に表示する命令文はどれですか?

❶ MsgBox（キャンセルしました）

❷ MsgBox "キャンセルしました"

❸ MsgBox キャンセルしました

3 If文は、どのようなときに使いますか?

❶ 指定した条件に一致する場合と一致しない場合とで、実行する処理を分けたいとき

❷ エクセルの画面からマクロを実行したいとき

❸ メッセージを表示したいとき

6 | ボタンからプログラムを実行しよう

この章で学ぶこと

● ボタンの役割を理解していますか?

● ボタンを描画できますか?

● ボタンにプログラムを登録できますか?

● ボタンからプログラムを実行できますか?

● ボタンのサイズや位置を変更できますか?

01 » この章でやること ～ボタンを作成する

この章では、プログラムを実行するための「ボタン」を作成します。
最初に、ボタンの役割を知りましょう。

ボタンって何?

ボタン (コマンドボタン) は、四角形などの図形にプログラムを登録
したものです。ボタンを左クリックすることで、プログラムを実行でき
ます。

> プログラムを実行するときに、
> 毎回プログラムを選ぶのは面倒

> 「ボタン」にプログラムを登録する
> と、ボタンを左クリックするだけで
> プログラムを実行できる

ここでは、次の手順でボタンを作成し、プログラムを登録します。

1 ボタン用の図形を描きます。

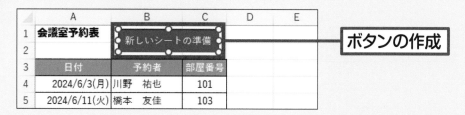

ボタンの作成

2 ボタンにプログラムを登録します。

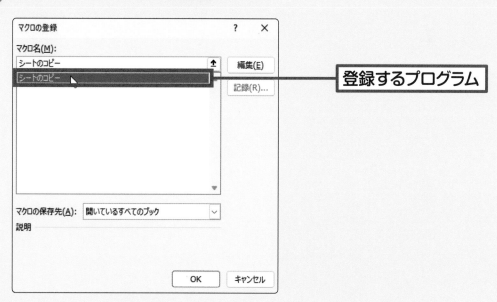

登録するプログラム

3 ボタンが完成します。

ボタンを左クリックすると
プログラムが実行される

02 » ボタンを作ろう

最初に、ボタンを作成します。作成したボタンに、第5章で作成した「シートの
コピー」プログラムを登録します。

1 「挿入」タブを左クリックします

	A	B	C	D	E	F
1	会議室予約表					
2						
3	日付	予約者	部屋番号			
4	2024/6/3(月)	川野　祐也	101			
5	2024/6/11(火)	橋本　友佳	103			
6	2024/6/12(水)	池野　大輔	101			
7	2024/6/17(月)	大久保　隆	101			
8	2024/6/21(金)	増田　奈穂美	103			
9	2024/6/25(火)	橋本　友佳	102			
10	2024/6/26(水)	大久保　隆	102			
11	2024/6/28(金)	鈴木　彩	101			
12						
13						
14						
15						

エクセルを起動し、
46ページの方法で、
第5章で作成した
「会議室予約表」の
ファイルを開きます。

挿入 タブを

左クリックします。

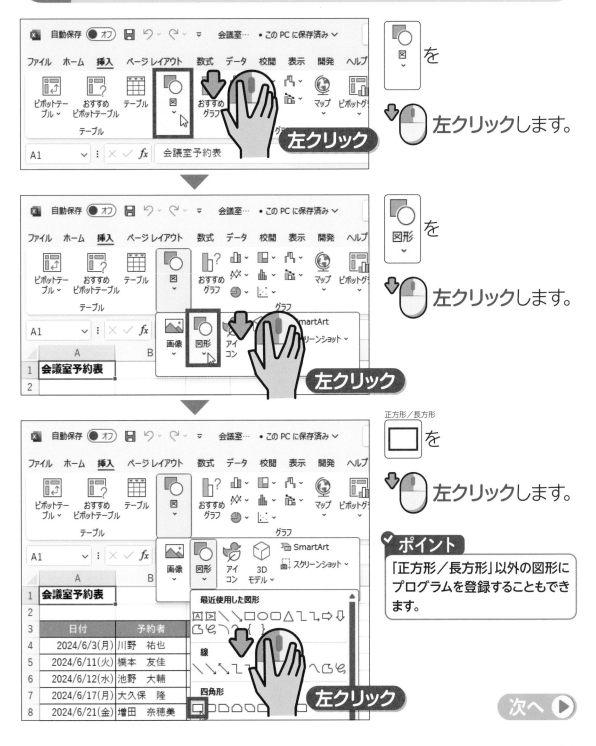

2 四角形を描く準備をします

図 を

左クリックします。

図形 を

左クリックします。

正方形／長方形 を

左クリックします。

次へ ▶

ポイント

「正方形／長方形」以外の図形に
プログラムを登録することもでき
ます。

135

3 四角形を描きます

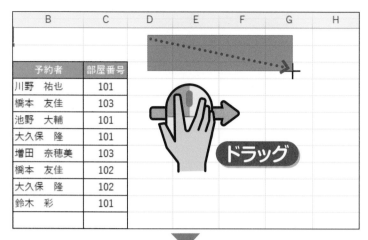

	B	C	D	E	F	G	H
予約者	部屋番号						
川野　祐也	101						
橋本　友佳	103						
池野　大輔	101						
大久保　隆	101						
増田　奈穂美	103						
橋本　友佳	102						
大久保　隆	102						
鈴木　彩	101						

ボタンを
配置したい場所を
ドラッグします。

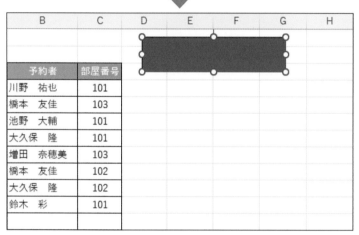

四角形を
描画できました。

ポイント

四角形が選択されていると、四角形の周りに◯が表示されます。

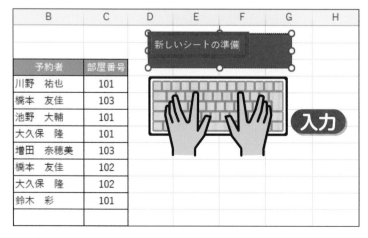

四角形が
選択されている状態で、
「新しいシートの準備」と
入力します。

ポイント

四角形が選択されていないときは、四角形を左クリックします。

4 プログラムの登録画面を開きます　その1

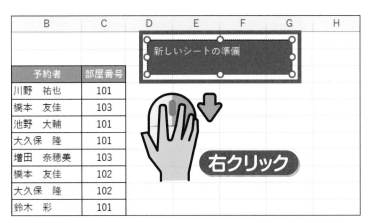

四角形を

右クリックします。

右クリック

5 プログラムの登録画面を開きます　その2

マクロの登録(N)... を

左クリックします。

左クリック 次へ ▶

6 登録するプログラムを選びます その1

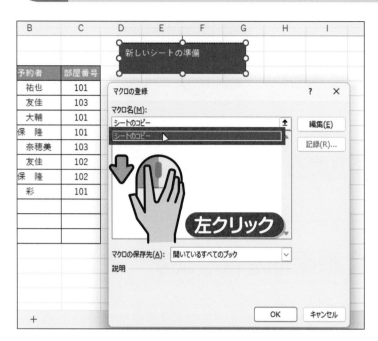

四角形に登録する
プログラム（ここでは
「シートのコピー」）を

左クリックします。

7 登録するプログラムを選びます その2

OK を

左クリックします。

8 プログラムを登録できました

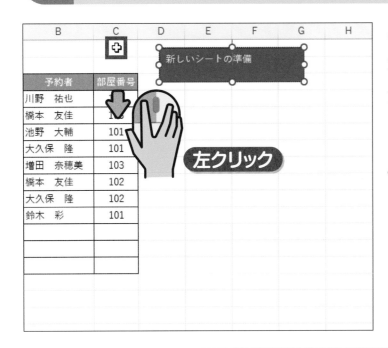

これで、
ボタンにプログラムを
登録できました。

四角形以外の場所を

左クリックします。

9 ボタンを作成できました

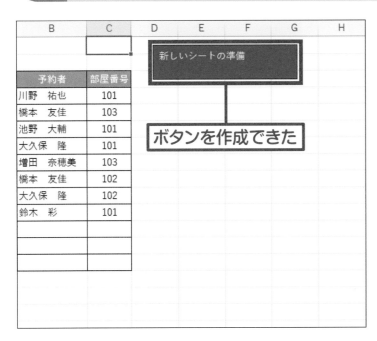

「シートのコピー」の
プログラムを実行する
ためのボタンを
作成できました。

03 » ボタンからプログラムを実行しよう

134ページで作成したボタンを左クリックして、プログラムを実行してみましょう。

1 ボタンを左クリックします

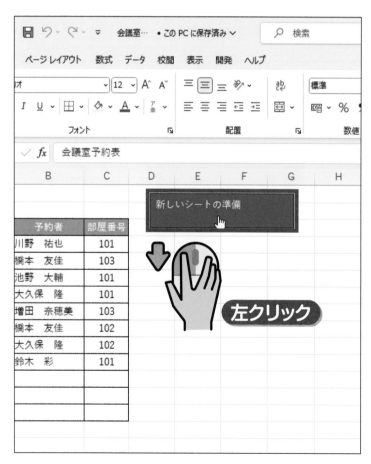

作成したボタンを

 左クリックします。

2 プログラムが実行されました

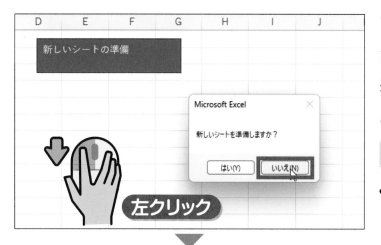

プログラムが実行
されて、メッセージが
表示されます。
ここでは、

 を

左クリックします。

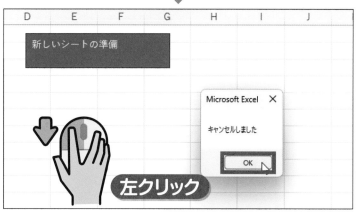

メッセージが
表示されます。

| OK | を

左クリックします。

	B	C	D	E	F	G	H
				新しいシートの準備			
	予約者	部屋番号					
	川野　祐也	101					
	橋本　友佳	103					
	池野　大輔	101					
	大久保　隆	101					
	増田　奈穂美	103					
	橋本　友佳	102					
	大久保　隆	102					
	鈴木　彩	101					

メッセージが
閉じました。

141

04 » ボタンのサイズを変更しよう

ボタンのサイズは、あとから自由に変更できます。
ここでは、ボタンを小さくしてみましょう。

1 ボタンを右クリックします

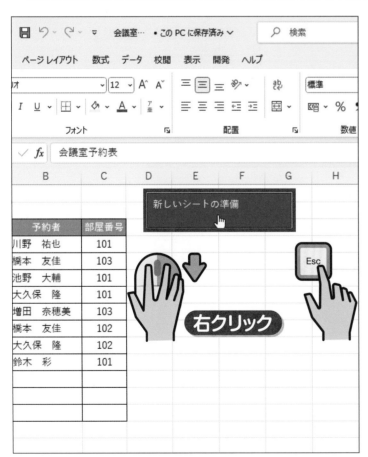

「新しいシートの準備」の
ボタンを

 右クリックします。

メニューが
表示されるので、

エスケープ
Esc キーを押します。

✓ ポイント

ボタンを左クリックするとプログ
ラムが実行されてしまうので、
注意しましょう。

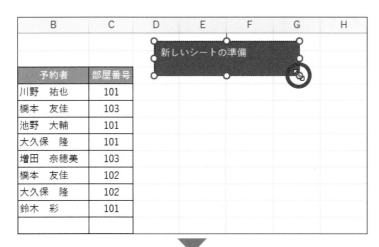

ボタンの周囲にある
◯ に
カーソル
 を**移動**します。

カーソルの形が
⬈ に変わったら、

そのまま

ドラッグします。

✔ ポイント

ここでは、右下の白いハンドルを
左上方向にドラッグしています。

	B	C	D	E	F	G	H
		新しいシートの準備					
	予約者	部屋番号					
	川野　祐也	101					
	橋本　友佳	103					
	池野　大輔	101					
	大久保　隆	101					
	増田　奈穂美	103					
	橋本　友佳	102					
	大久保　隆	102					
	鈴木　彩	101					

ボタンを
小さくできました。

✔ ポイント

ボタンの色は、「図形の書式」タ
ブの「図形の塗りつぶし」を使っ
て変更できます。

143

05 »

ボタンの位置を変更しよう

> ボタンの位置は、あとから移動できます。
> ここでは、ボタンを左側に移動してみましょう。

1 ボタンを右クリックします

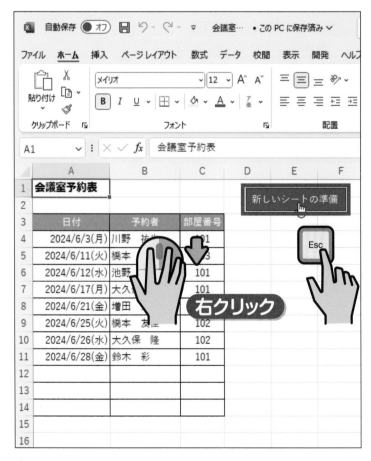

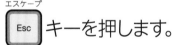

「新しいシートの準備」の
ボタンを

右クリックします。

メニューが
表示されるので、

エスケープ
Esc キーを押します。

✓ ポイント

ボタンを左クリックするとプログラムが実行されてしまうので、注意しましょう。

2 ボタンを移動します

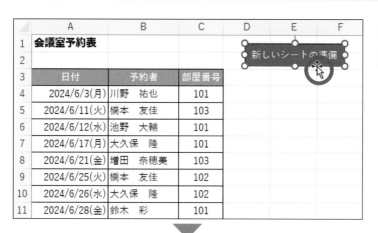

ボタンの外枠に

カーソル
を**移動**します。

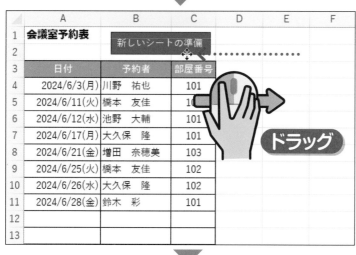

カーソルの形が

に変わったら、

ドラッグします。

✓ **ポイント**

ここでは、左方向にドラッグしています。

ボタンを移動できました。

上書き保存
画面左上の を

左クリックして

ファイルを上書き保存し、

エクセルを終了します。

練習問題 ✏

1 ボタンとは何ですか?

  ❶ VBEの画面を表示するボタンのこと

  ❷ プログラムを実行するボタンのこと

  ❸ エクセルで描いた図形のこと

2 ボタンにマクロを登録するときに、
左クリックする項目はどれですか?

3 プログラムを登録したボタンの大きさを変更したいときに、
ボタン自体を選択するにはどうすればよいですか?

  ❶ ボタンを左クリックする

  ❷ ボタンの外側を左クリックする

  ❸ ボタンを右クリックする

7 | フォームを作ろう

この章で学ぶこと

- 「フォーム」の役割を理解していますか?
- VBE画面でフォームを追加できますか?
- フォームにコントロールを追加できますか?
- フォームを表示するプログラムを作成できますか?
- フォームを呼び出すボタンを作成できますか?

01 » この章でやること ～フォームを作る

エクセルで作成したオリジナルの入力画面や操作画面を「フォーム」と言います。
この章では、社内研修の参加者の情報を入力するフォームを作ります。

フォームって何?

エクセルで入力項目やボタンなどを自由に配置して作る画面のことを、
フォームと言います。

フォームには、**コントロール**と呼ばれる部品を配置できます。

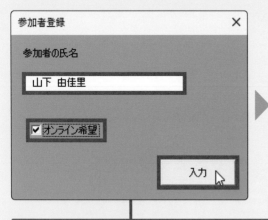

フォームに氏名を入力し、
オンライン希望かどうかを選択して
「入力」ボタンを左クリックすると…

入力した内容がワークシートに
表示されます

フォームを作る手順

フォームを使ったプログラムの作成手順は、以下のようになります。

1 **VBEの画面で新しいフォームを作成します。**

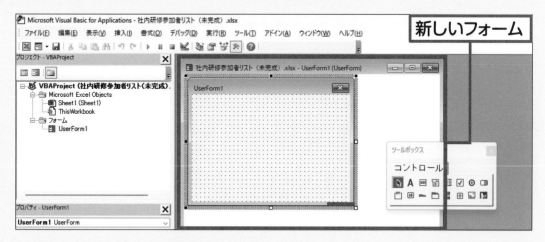

新しいフォーム

2 **フォーム上にコントロールを配置します。**

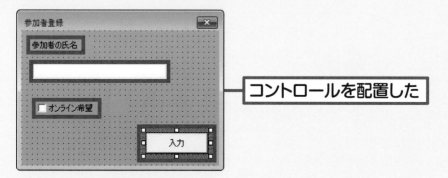

コントロールを配置した

3 **フォームで実行する内容をVBAで入力します。**

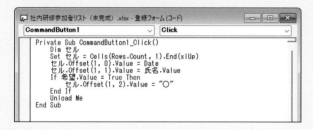

02 » フォームを追加しよう

未完成の「社内研修参加者リスト（未完成）」のファイルを開きます。
VBEの画面を開いて、新しい白紙のフォームを追加しましょう。

1 VBEの画面を開きます

8ページの方法で、「社内研修参加者リスト（未完成）」のファイルを
パソコンにコピーしておきます。30ページの方法で、「社内研修参
加者リスト（未完成）」のファイルを開きます。

 タブを

左クリックします。

 を

左クリックします。

2 新しいフォームを作成します

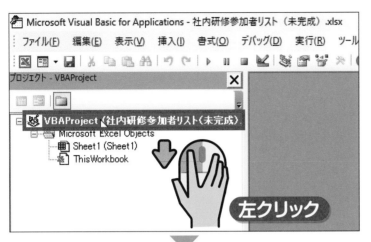

を

左クリックします。

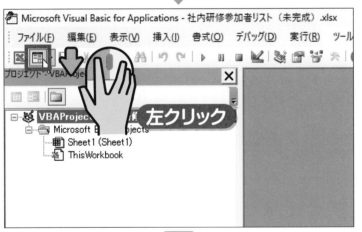

ユーザーフォームの挿入

を

左クリックします。

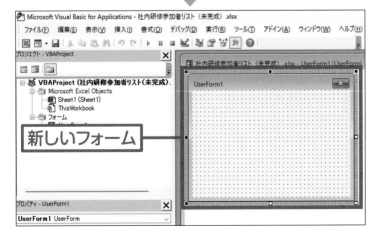

新しいフォームが
作成されました。

03 » フォームの名前を指定しよう

150ページで作成したフォームに名前をつけます。
「プロパティウィンドウ」で操作を行います。

1 プロパティウィンドウを表示します

 を

左クリックします。

ポイント

ツールボックスの画面が表示されたら、× を左クリックして閉じます。

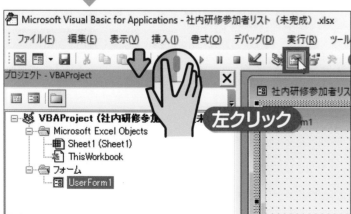

プロパティウィンドウ
 を

左クリックします。

ポイント

プロパティウィンドウがすでに表示されている場合は、そのまま次の手順に進みましょう。

2 フォームの名前を入力します

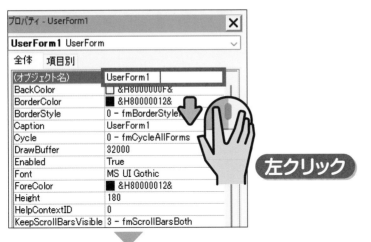

画面の左下に
プロパティウィンドウが
表示されました。
「（オブジェクト名）」の
右側の入力欄を

左クリックします。

フォームの名前として
「登録フォーム」と

入力します。

入力

ポイント

最初に入力されている文字は削除してから入力します。

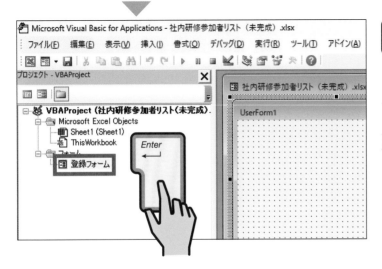

エンター
Enter
キーを押すと、

フォームの名前が
変更されます。

153

04 » フォームのタイトルを 指定しよう

フォームの上部に表示されるタイトルを入力します。
フォーム全体を表すタイトルをつけるとよいでしょう。

1 フォームを左クリックします

 を

左クリックします。

フォームのタイトルを入力します

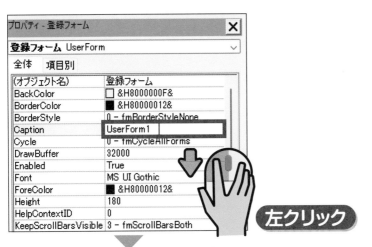

プロパティウィンドウの
「Caption」の右側の
入力欄を

左クリックします。

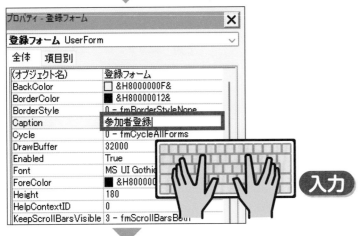

フォームのタイトルとして
「参加者登録」と

入力します。

ポイント

最初に入力されている文字は削除してから入力します。

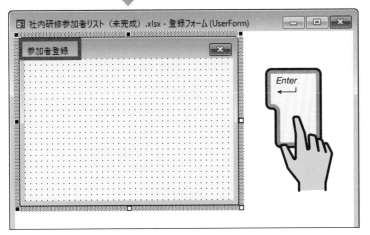

エンター

Enter
←

キーを押すと、

フォームの上部に
タイトルが
表示されます。

05 » フォームの背景の色を変更しよう

フォームの背景の色は、あとから変更できます。
ここでは、色の一覧から選択して変更してみましょう。

1 フォームを左クリックします

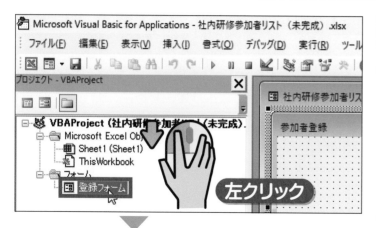

 登録フォーム を

左クリックします。

プロパティウィンドウの
「BackColor」の
右側の入力欄を

左クリックします。

続いて、 を

左クリックします。

2 背景の色を変更します

「パレット」タブを

 左クリックします。

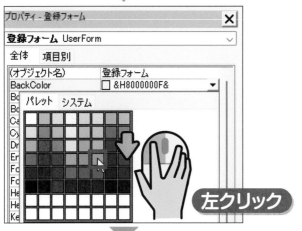

変更後の色
（ここでは■）を

 左クリックします。

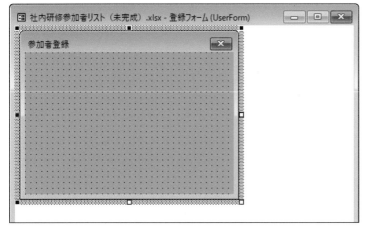

フォームの背景の色を
変更できました。

06 » フォームにラベルを追加しよう

フォームに、「ラベル」と呼ばれるコントロール（部品）を配置します。
ラベルは、文字を表示する部品のことです。

1 フォームを左クリックします

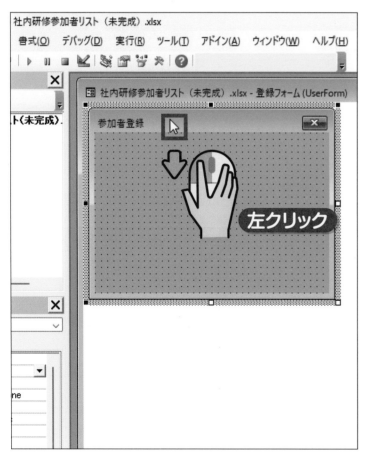

フォームの
タイトル部分を

 左クリックします。

2 フォームにラベルを追加します

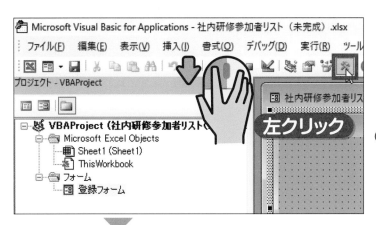

ツールボックス
を

左クリックします。

✓ ポイント

ツールボックスがすでに表示されている場合は、次に進みます。

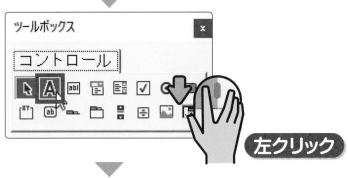

ツールボックスが
表示されるので、

ラベル
を

左クリックします。

ラベルを
配置する場所を

左クリックします。

ラベルが
表示されました。

次へ ▶

159

3 ラベルに文字を入力します　その1

プロパティウィンドウの
「Caption」の
右側の入力欄を

 左クリックします。

4 ラベルに文字を入力します　その2

ラベルに
表示する文字として、
「参加者の氏名」と

 入力します。

 キーを押します。

✓ ポイント

最初に入力されている文字は削除してから入力します。

5 ラベルに文字が表示されます

プロパティウィンドウで
入力した文字が、
フォーム上のラベルに
表示されます。

✏️ ラベルのサイズを変更する

ラベルの周囲に表示される□を 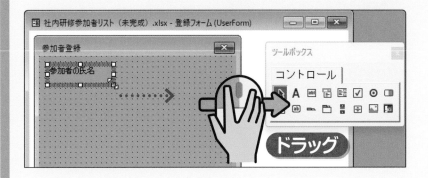 ドラッグすると、

ラベルのサイズを変更できます。
ラベルの外枠をドラッグすると、ラベルを移動できます。

07 » フォームにテキストボックスを追加しよう

フォームに、「テキストボックス」を追加します。
テキストボックスは、フォーム上で文字を入力してもらうための部品です。

1 フォームを左クリックします

フォームの
タイトル部分を

 左クリックします。

テキストボックスを追加します

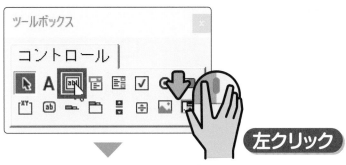

ツールボックスの

テキストボックス

 を

 左クリックします。

テキストボックスを
配置する場所
(ここではラベルの下)を

 左クリックします。

テキストボックスが
表示されました。

 次へ

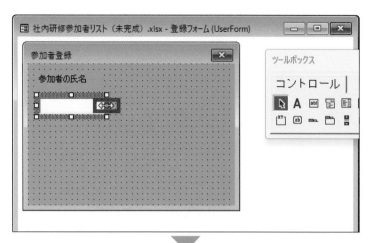

テキストボックスの
外枠の□に

カーソル

を移動します。

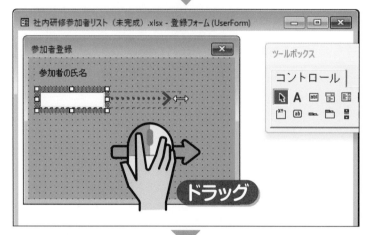

右方向に

ドラッグします。

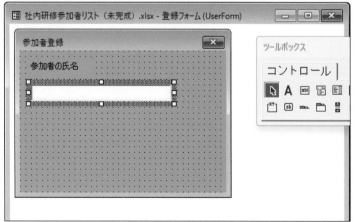

テキストボックスの
大きさが変わりました。

4 テキストボックスに名前をつけます

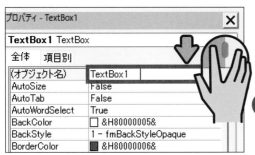

左クリック

プロパティウィンドウの
「（オブジェクト名）」の
右側の入力欄を

左クリックします。

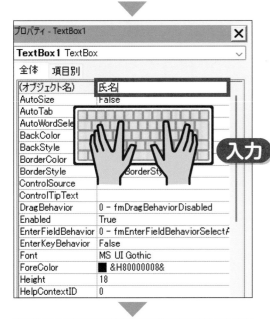

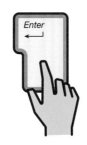

入力

Enter

テキストボックスの
名前として、「氏名」と

入力します。

エンター
Enter

キーを押します。

✔ ポイント
最初に入力されている文字は削
除してから入力します。

テキストボックスの
名前が変更されました。

✔ ポイント
プログラムの中でテキストボックスを操作するとき
は、ここでつけた名前を指定します。名前をつけて
おくと、どのコントロールを操作しているのかわか
りやすくなります。

次へ

5 入力モードの状態を指定します

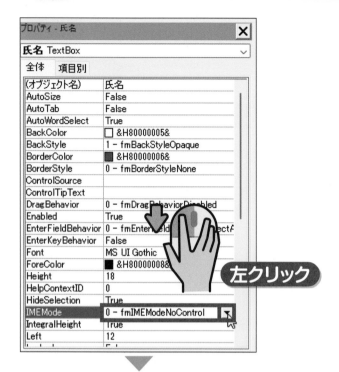

プロパティウィンドウの
「IMEMode」の
右側の入力欄を

左クリックします。

続いて、▼を

左クリックします。

`1 - fmIMEModeOn` を

左クリックします。

✓ ポイント

ここでは、このテキストボックス
を使って文字を入力するときに、
日本語入力モードが自動的にオ
ンになるように設定します。

日本語入力モードの
状態を指定できました。

IMEMode プロパティについて

IMEModeプロパティは、テキストボックスに文字カーソルが移動したときに、日本語入力モードをどの状態にするかを指定するものです。IMEModeの主な設定値は、以下の表のようになります。

項目	値	内容
fmIMEModeNoControl	0	日本語入力モードの状態を特に指定しません（既定値）
fmIMEModeOn	1	日本語入力モードをオンにします
fmIMEModeOff	2	日本語入力モードをオフにします。半角/全角キーを押してオンに切り替えることはできます
fmIMEModeDisable	3	日本語入力モードをオフにします。半角/全角キーを押してもオンに切り替えることはできません
fmIMEModeHiragana	4	全角ひらがなモードにします（日本語入力モードオン）
fmIMEModeKatakana	5	全角カタカナモードにします（日本語入力モードオン）
fmIMEModeKatakanaHalf	6	半角カタカナモードにします（日本語入力モードオン）
fmIMEModeAlphaFull	7	全角英数字モードにします（日本語入力モードオン）
fmIMEModeAlpha	8	半角英数字モードにします

フォームを実行して
テキストボックスを

左クリックすると、

日本語入力モードの状態が
自動的に変わります。

08 » フォームにチェックボックスを追加しよう

フォームに、「チェックボックス」を追加します。
チェックボックスは、二者択一のどちらかを選べる部品です。

1 フォームを左クリックします

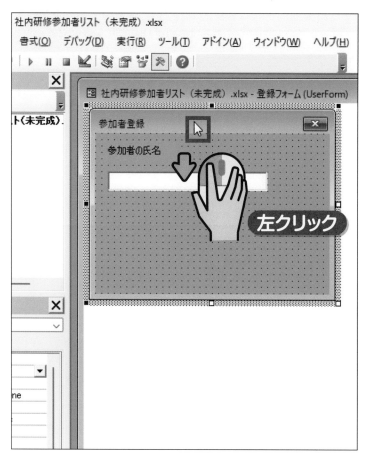

フォームの
タイトル部分を

 左クリックします。

2 チェックボックスを追加します

ツールボックスの

チェックボックス

 を

 左クリックします。

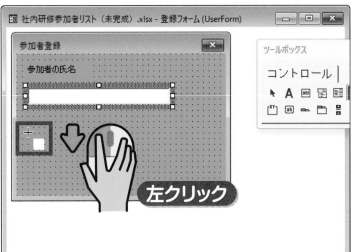

チェックボックスを
配置する場所（ここでは
テキストボックスの下）を

 左クリックします。

チェックボックスが
表示されました。

169

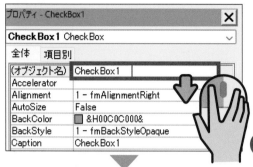

プロパティウィンドウの
「(オブジェクト名)」の
右側の入力欄を

 左クリックします。

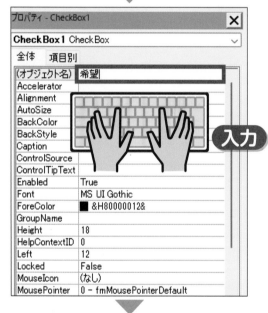

チェックボックスの
名前として、「希望」と

入力します。

エンター
Enter
キーを押します。

✓ ポイント

最初に入力されている文字は削
除してから入力します。

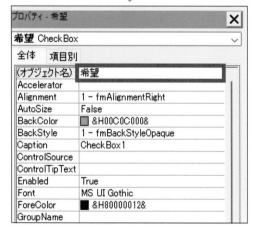

チェックボックスの
名前が変更されました。

✓ ポイント

プログラムの中でチェックボック
スを操作するときは、ここでつけ
た名前を指定します。名前をつ
けておくと、どのコントロールを
操作しているのかわかりやすくな
ります。

4 表示する文字を指定します

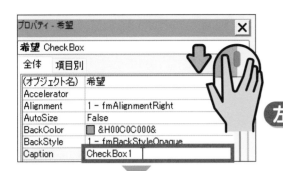

左クリック

プロパティウィンドウの
「Caption」の右側の
入力欄を

左クリックします。

入力

Enter

チェックボックスに
表示する文字として、
「オンライン希望」と

入力します。

エンター
Enter

キーを押します。

✓ ポイント

最初に入力されている文字は削
除してから入力します。

プロパティウィンドウで
入力した文字が、
チェックボックスに
表示されました。

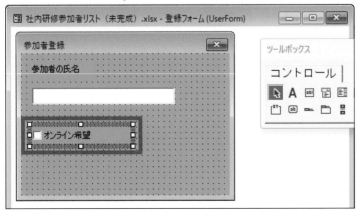

09 » フォームにボタンを追加しよう

フォーム上にボタンを配置します。
ボタンには「入力」の文字を表示しましょう。

1 フォームを左クリックします

フォームの
タイトル部分を

左クリックします。

172

2 ボタンを追加します

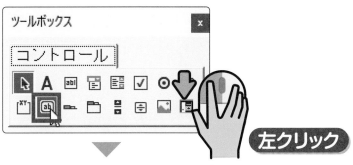

ツールボックスの

コマンドボタン
 を

 左クリックします。

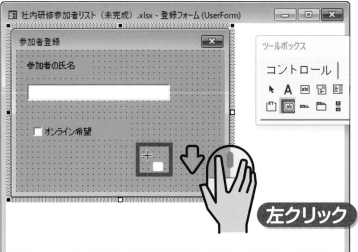

ボタンを配置する場所を

 左クリックします。

ポイント

コントロールは、重ならない位置に配置するようにします。

ボタンが
表示されました。

 次へ

3 ボタンに文字を入力します その1

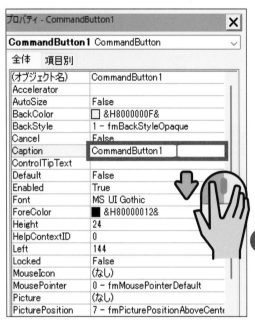

プロパティウィンドウの
「Caption」の右側の
入力欄を

左クリックします。

左クリック

4 ボタンに文字を入力します その2

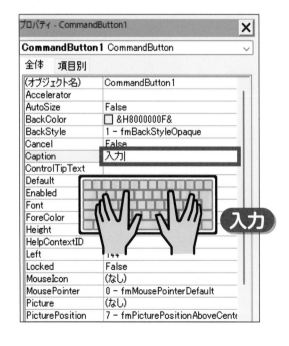

ボタンに表示する
文字として、「入力」と

入力します。

入力

エンター
Enter
←┘
キーを押します。

✔ ポイント

最初に入力されている文字は削除してから入力します。

5 ボタンに文字が表示されます

プロパティウィンドウで
入力した文字が、
ボタンに
表示されました。

 ボタンとは?

ここで追加したボタンは、プログラムを実行するためのボタンです。ここからは、ボタンを左クリックすると、フォームに入力した内容がシートに入力されるプログラムを作ります。

❶ 「氏名」と 「オンライン希望」 の項目を入力して

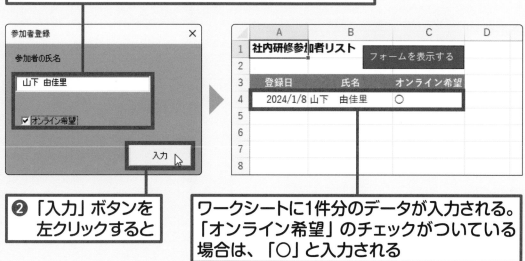

❷ 「入力」 ボタンを左クリックすると

ワークシートに1件分のデータが入力される。「オンライン希望」 のチェックがついている場合は、「○」 と入力される

10 » ボタンの動作を指定しよう

172ページで作成した「入力」ボタンを左クリックしたときのプログラムを、VBAを使って書いていきます。

1 ボタンを右クリックします

「入力」と表示されているボタンを

右クリックします。

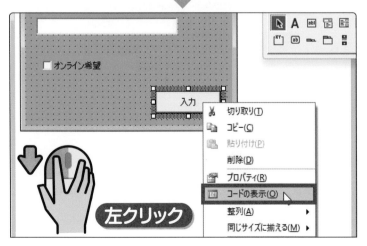

コードの表示(O) を

左クリックします。

2 変数を宣言します

VBAを入力する画面が
表示されます。
2行目に文字カーソルが
あることを確認して、

_{タブ}
Tab キーを押します。

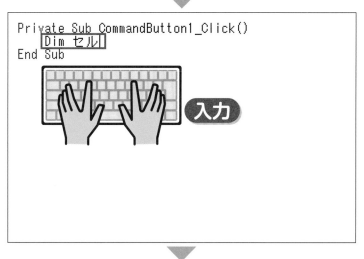

「Dim セル」と

入力して、

変数を宣言します。

✓ ポイント

「Dim」のうしろには、半角のス
ペースを入力します。変数につ
いては、98ページを参照してく
ださい。

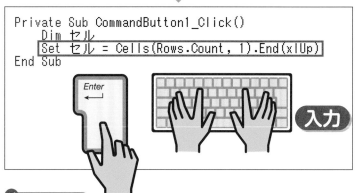

_{エンター}
Enter キーで改行し、

左のように

入力します。

✓ ポイント

「Set」のうしろと「=」の前後には、半角のスペースが自動的
に入ります。

ここで入力したプログラムは、A列の最終行から上方向にデータが入っているセルを探し、そのセルの場所の情報を変数「セル」に代入する、という意味です。

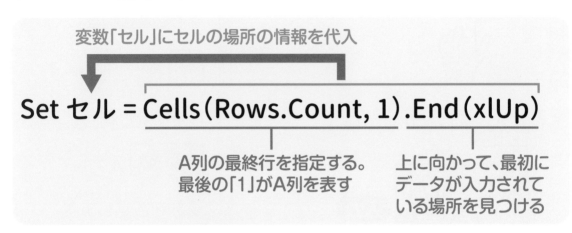

変数「セル」にセルの場所の情報を代入

Set セル = Cells(Rows.Count, 1).End(xlUp)

A列の最終行を指定する。最後の「1」がA列を表す

上に向かって、最初にデータが入力されている場所を見つける

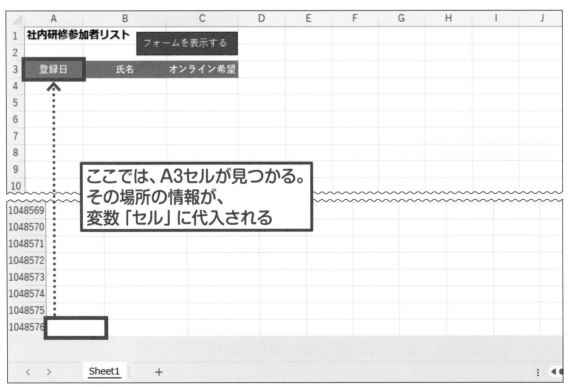

ここでは、A3セルが見つかる。その場所の情報が、変数「セル」に代入される

4 今日の日付を取得します

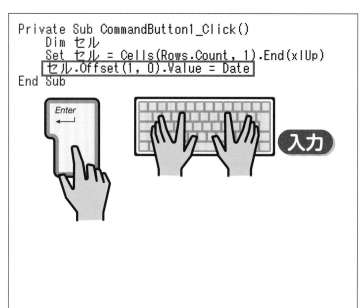

```
Private Sub CommandButton1_Click()
    Dim セル
    Set セル = Cells(Rows.Count, 1).End(xlUp)
    セル.Offset(1, 0).Value = Date
End Sub
```

入力

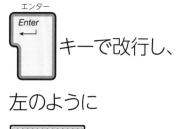

 キーで改行し、

左のように

入力します。

✓ ポイント

「=」の前後には、半角のスペースが自動的に入力されます。

5 プログラムの内容を確認します

ここで入力したプログラムは、今日の日付を特定のセルの1つ下のセルに代入する、という意味です。

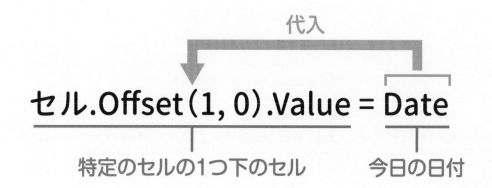

代入

セル.Offset(1, 0).Value = Date

特定のセルの1つ下のセル　　今日の日付

 次へ ▶

6 氏名を入力する内容を書きます

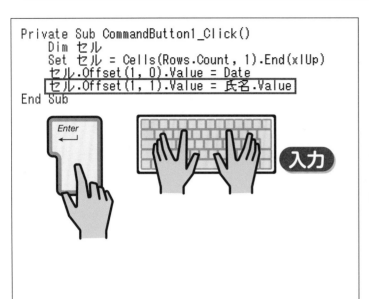

```
Private Sub CommandButton1_Click()
    Dim セル
    Set セル = Cells(Rows.Count, 1).End(xlUp)
    セル.Offset(1, 0).Value = Date
    セル.Offset(1, 1).Value = 氏名.Value
End Sub
```

入力

 キーで改行し、

左のように

入力します。

✓ ポイント

「=」の前後には、半角のスペースが自動的に入力されます。

7 プログラムの内容を確認します

ここで入力したプログラムは、テキストボックスに入力された値を、特定のセルの1つ下で1つ右のセルに代入する、という意味です。

「氏名」は、165ページでつけたテキストボックスの名前です。

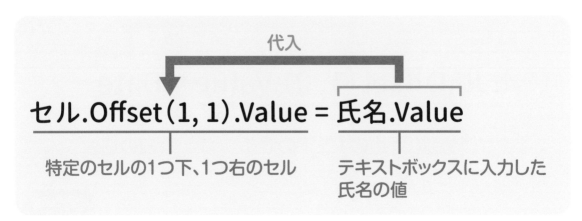

代入

セル.Offset(1, 1).Value = 氏名.Value

特定のセルの1つ下、1つ右のセル　　テキストボックスに入力した氏名の値

8 オンライン希望かを入力します

```
Private Sub CommandButton1_Click()
    Dim セル
    Set セル = Cells(Rows.Count, 1).End(xlUp)
    セル.Offset(1, 0).Value = Date
    セル.Offset(1, 1).Value = 氏名.Value
    If 希望.Value = True Then
End Sub
```

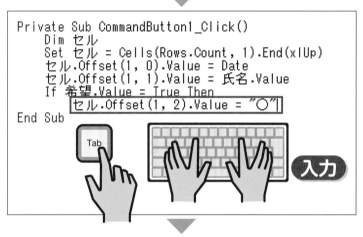

入力

エンター
キーで改行し、

左のように

入力します。

```
Private Sub CommandButton1_Click()
    Dim セル
    Set セル = Cells(Rows.Count, 1).End(xlUp)
    セル.Offset(1, 0).Value = Date
    セル.Offset(1, 1).Value = 氏名.Value
    If 希望.Value = True Then
        セル.Offset(1, 2).Value = "○"
End Sub
```

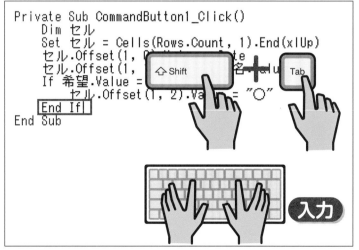

Tab

入力

エンター
キーで改行し、

タブ
Tab キーを押して、

左のように

入力します。

```
Private Sub CommandButton1_Click()
    Dim セル
    Set セル = Cells(Rows.Count, 1).End(xlUp)
    セル.Offset(1, 0).Value = Date
    セル.Offset(1, 1).Value = 氏名.Value
    If 希望.Value = True Then
        セル.Offset(1, 2).Value = "○"
    End If
End Sub
```

△Shift ＋ Tab

入力

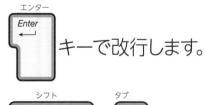
エンター
キーで改行します。

シフト　　　　タブ
△Shift ＋ Tab キーを

押して、左のように

入力します。

次へ ▶

181

ここで入力したプログラムは、チェックボックスにチェックがついている場合は、「特定のセルの1つ下、2つ右のセルに「○」の文字を代入する」という意味です。

これは、113ページで紹介した、If文を使用して条件に一致したときに行う処理になります。条件に一致しなかったときの処理を書く必要がない場合は、「Else」と「条件に一致しなかったときの処理」は省略できます。

「希望」は、170ページでつけたチェックボックスの名前です。

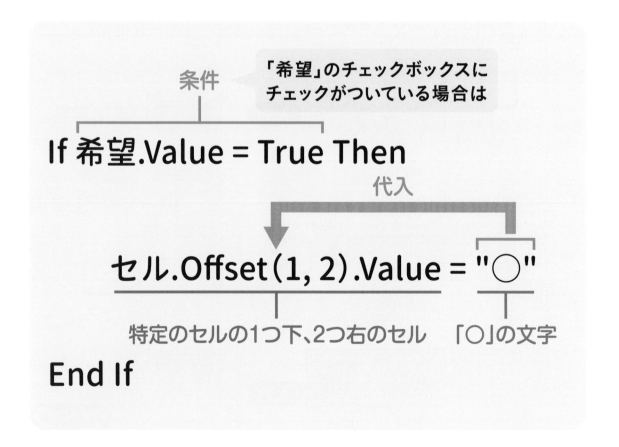

条件

「希望」のチェックボックスに
チェックがついている場合は

If 希望.Value = True Then

代入

セル.Offset(1, 2).Value = "○"

特定のセルの1つ下、2つ右のセル　　「○」の文字

End If

10 末尾で改行します

```
Private Sub CommandButton1_Click()
    Dim セル
    Set セル = Cells(Rows.Count, 1).End(xlUp)
    セル.Offset(1, 0).Value = Date
    セル.Offset(1, 1).Value = 氏名.Value
    If 希望.Value = True Then
        セル.Offset(1, 2).Value = "○"
    End If|
End Sub
```

「End If」の行の末尾を

左クリックします。

キーを押します。

11 残りの内容を入力します

```
Private Sub CommandButton1_Click()
    Dim セル
    Set セル = Cells(Rows.Count, 1).End(xlUp)
    セル.Offset(1, 0).Value = Date
    セル.Offset(1, 1).Value = 氏名.Value
    If 希望.Value = True Then
        セル.Offset(1, 2).Value = "○"
    End If
    Unload Me|
End Sub
```

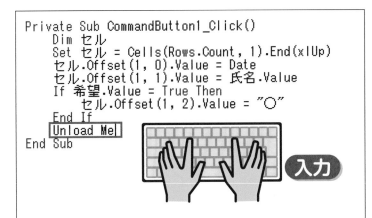

左のように

入力します。

✓ ポイント

これは、「表示しているフォーム
を閉じなさい」という意味です。

11 » フォームを表示するプログラムを作ろう

> フォームは、55ページで紹介した「マクロ」画面には表示されません。
> ワークシートにフォームを表示するためのプログラムを作成します。

1 プロジェクトを左クリックします

左クリック

を

左クリックします。

✓ ポイント

🐞 VBAProject (社内研修参加者リスト(未完成) の
括弧内に、ファイル名が表示され
ています。

2 標準モジュールを追加します

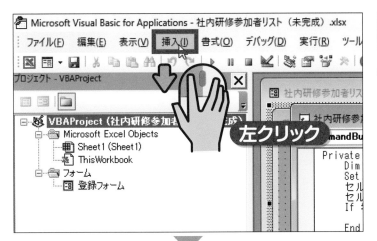

 タブを

左クリックします。

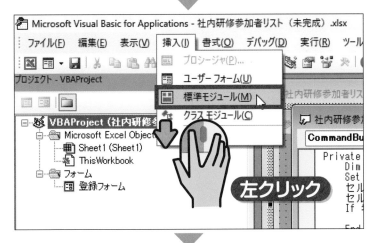

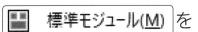 を

左クリックします。

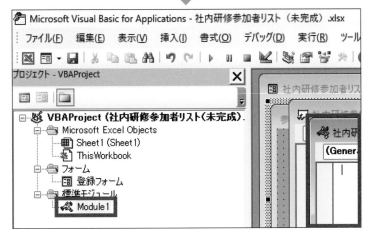

標準モジュールを
追加できました。

3 プログラムの始まりを入力します

左のように、
プログラムの始まりを
入力します。

✓ **ポイント**

「フォームの表示」は、これから作るプログラムの名前です。プログラムの名前以外は、半角英数字で入力します。

Sub フォームの表示|

エンター
Enter
キーを押します。

Sub フォームの表示()

End Sub

プログラムの終わりが
自動的に表示されます。

4 フォームを表示する内容を入力します

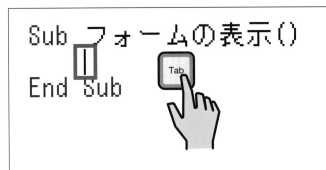

2行目の先頭で、

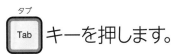

タブ
Tab キーを押します。

文字カーソル
| が右に移動します。

左のように

入力します。

✓ ポイント

これは、この章で作成した「登録フォーム」を表示しなさい、という意味です。

```
Sub フォームの表示()
    登録フォーム.Show
End Sub
```

プログラムが
完成しました。

✓ ポイント

🗙（表示 Microsoft Excel）を左クリックして、エクセルの画面に戻しておきましょう。

12 » フォームを呼び出すボタンを作ろう

ワークシートからフォームを呼び出すボタンを作成しましょう。
ボタンに、184ページで作成したプログラムを登録します。

1 ボタンを描画します

134ページの方法で、
「社内研修参加者リスト
（未完成）」の
ワークシートに
ボタンを
描画しておきます。

✓ ポイント

ボタンには、「フォームを表示する」の文字を入力します。

2 ボタンにプログラムを登録します

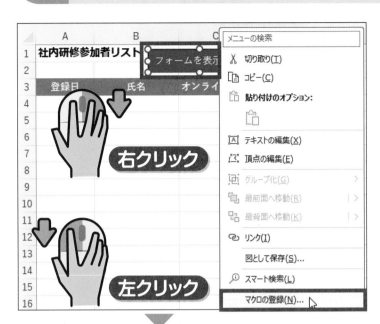

ボタンを

右クリックして、

マクロの登録(N)... を

左クリックします。

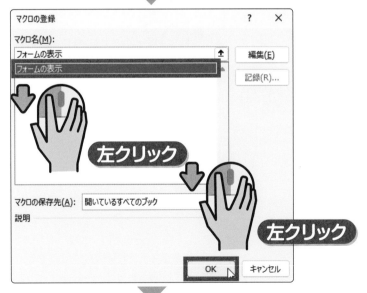

ボタンに登録する

プログラム（ここでは

「フォームの表示」）を

左クリックします。

OK を

左クリックします。

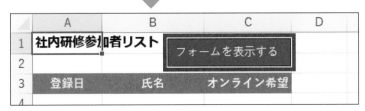

ボタンにプログラムを

登録できました。

13 » フォームの動作を確認しよう

完成したフォームを実行します。フォームに入力した氏名やオンライン希望の有無がワークシートに入力されることを確認しましょう。

1 ボタンを左クリックします

「フォームを表示する」の
ボタンを

 左クリックします。

2 フォームが表示されます

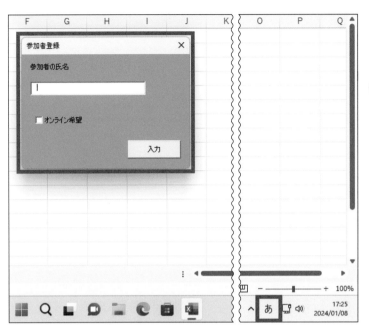

「参加者登録」フォーム
が表示されます。

ポイント

テキストボックスに文字カーソル
があるときは、IMEModeプロ
パティの設定により、日本語入
力モードがオンになります。

3 氏名を入力します

テキストボックスに、
参加者として
登録する氏名を

入力します。

ポイント

ここでは「山下　由佳里」と入力
しています。

4 チェックボックスをオンにします

チェックボックスの

□ オンライン希望 を

左クリックして、

☑ オンライン希望 に

します。

5 ボタンを左クリックします

 を

左クリックします。

6 ワークシートに入力されます

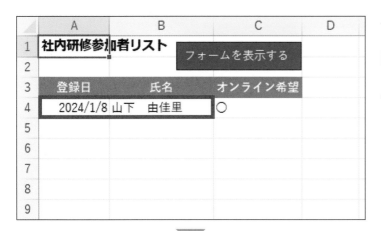

今日の日付と氏名が、
自動的にワークシートに
入力されます。

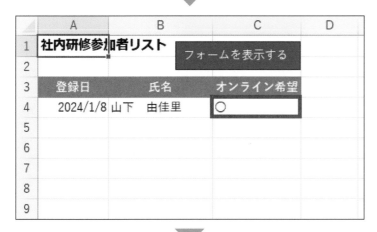

チェックボックスを
オンにした場合は、
「オンライン希望」欄に
「○」が入力されます。

	A	B	C	D
1	社内研修参加者リスト		フォームを表示する	
2				
3	登録日	氏名	オンライン希望	
4	2024/1/8	山下　由佳里	○	
5	2024/1/8	中野　俊哉		
6	2024/1/9	佐々山　麻衣	○	
7	2024/1/9	森　章介		
8				
9				
10				

フォームに参加者を
入力するたびに、
ワークシートの最終行に
入力されていきます。

✓ **ポイント**

42ページの方法で、「Excelマ
クロ有効ブック」として保存して
おきましょう。

練習問題 ✏

1 フォームや、フォームに配置したテキストボックスなどの名前を指定するときに使用する場所はどれですか?

❶ プロパティウィンドウ

❷ プロジェクトエクスプローラー

❸ オプション

2 フォームにラベルなどの部品を配置するときに使うものは、どれですか?

❶ ツールボックス

❷ ファイルメニュー

❸ オプション

3 フォームに配置したボタンを右クリックすると、メニューが表示されます。ボタンを左クリックしたときにマクロで実行する内容を書くとき、左クリックする項目はどれですか?

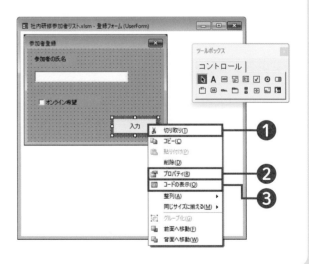

8 | マクロ&VBAの困ったを解決しよう

この章で学ぶこと

- ●「信頼できる場所」の役割を理解していますか?
- ●フォルダーを「信頼できる場所」に指定できますか?
- ●エラーの対処方法がわかりますか?
- ●VBE画面の文字を大きくできますか?

01 » 「信頼できる場所」に ファイルを保存する

プログラムが含まれるエクセルファイルを開いたとき、セキュリティリスクのメッセージが表示されると、プログラムを実行できません。以下の方法で対応します。

📖 「信頼できる場所」とは?

プログラムが含まれるファイルを「信頼できる場所」に保存すると、セキュリティリスクのメッセージやセキュリティの警告メッセージなどが表示されずに、プログラムが実行できるようになります。ここでは例として、8ページの方法でダウンロードした「DL用data」フォルダーを「信頼できる場所」に指定します。

✔ ポイント

インターネットからダウンロードした、プログラムが含まれるファイルを開くと、セキュリティリスクのメッセージが表示されて、マクロを実行できない場合があります。ファイルを「信頼できる場所」に保存して、そのファイルを開くと、マクロを実行できるようになります。

自動保存 ● オフ 日 り・ペ・ ▽ 社内研修参加者リスト (完… ∨ 🔍 検索
ファイル ホーム 挿入 ページレイアウト 数式 データ 校閲 表示 開発 ヘルプ
セキュリティ リスク このファイルのソースが信頼できないため、Microsoftによりマクロの実行がブロックされました。 詳細を表示

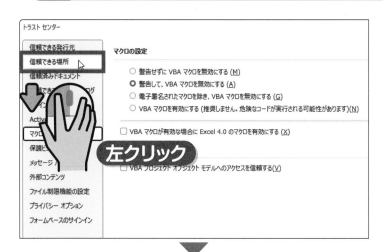

24ページの方法で、「トラストセンター」画面を表示します。

| 信頼できる場所 |を

左クリックします。

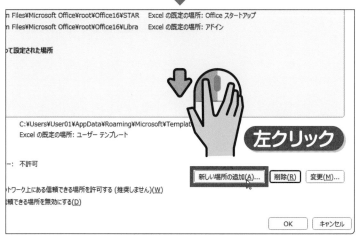

| 新しい場所の追加(A)... |を

左クリックします。

| 参照(B)... |を

左クリックします。

197

2 「信頼できる場所」を指定します その1

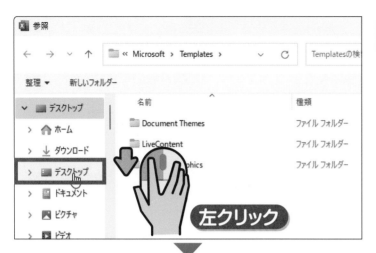

を

左クリックします。

「信頼できる場所」に
指定するフォルダーを

左クリックします。

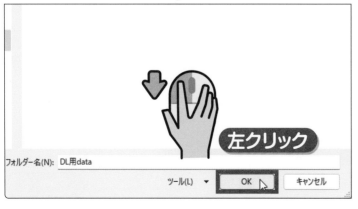

を

左クリックします。

198

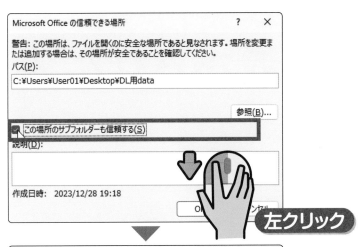

選択したフォルダーの
下の階層のフォルダーも
「信頼できる場所」に
指定する場合は、

 を

左クリックします。

「信頼できる場所」に、
指定したフォルダーが
追加されました。

OK を

左クリックします。

OK を

左クリックします。

ポイント

このあとは、「DL用data」に保存されているプログラムの入ったファイルを開くと、プログラムを実行できる状態で開きます。

02 » プログラム実行中に エラーが表示された

プログラムを実行したときにエラーが表示されたら、プログラムの実行をキャンセルします。その後で、エラーの原因を探して修正しましょう。

1 エラーが発生しました

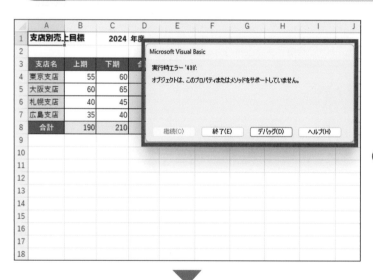

プログラムを
実行すると、
「実行時エラー」が
表示されました。

ポイント

「コンパイルエラー」が表示される場合もあります。

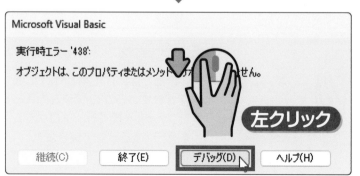

 を

左クリックします。

② プログラムを修正します

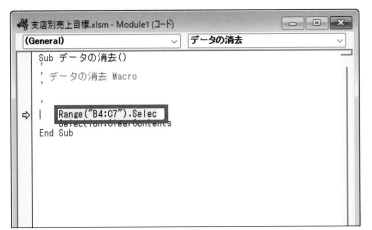

VBE画面に切り替わり、
問題のある可能性が
高い場所が黄色く
表示されます。

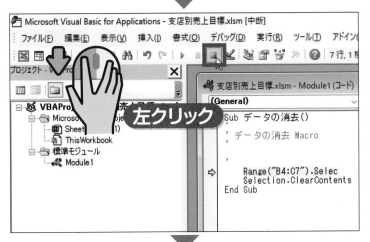

を

左クリックして、
プログラムの実行を
キャンセルします。

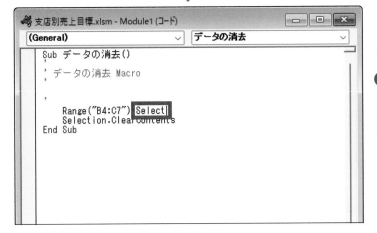

コードウィンドウで、
必要な修正を行います。

✔ポイント

ここでは「Selec」を「Select」に
修正しています。

201

03 » VBE画面の文字を大きくしたい

> VBE画面の文字が小さくて見づらい場合は、文字のサイズを大きくします。
> コードウィンドウの文字の大きさを変更する方法を解説します。

1 オプション画面を表示します

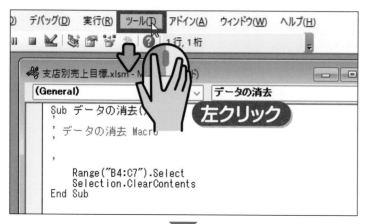

VBEの画面を
開いておきます。

ツール(T) タブを

左クリックします。

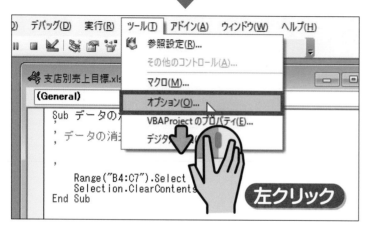

オプション(O)... を

左クリックします。

2 タブを選択します

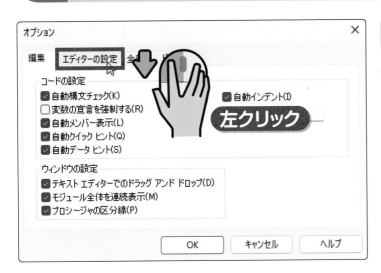

 を

左クリックします。

3 画面が切り替わります

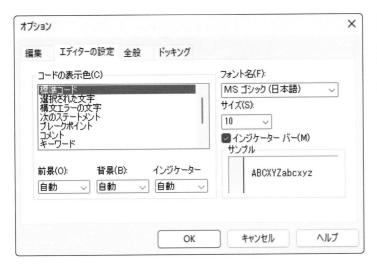

画面の文字サイズを
変更する画面が
表示されます。

4 文字の大きさを指定します

$\fbox{10 \quad\quad $\vee$}$ の

右側の $\fbox{$\vee$}$ を

左クリックします。

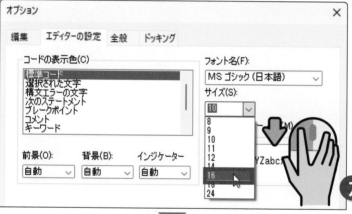

文字の大きさ

（ここでは $\fbox{16}$ ）を

左クリックします。

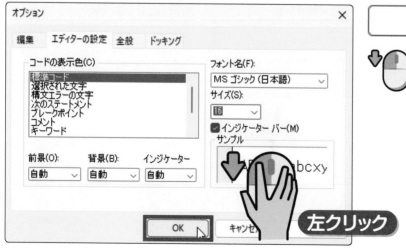

$\fbox{OK}$ を

左クリックします。

5 文字の大きさが変わりました

コードウィンドウの
文字が
大きくなりました。

コラム

 コメントの文字の色を変更する

コメントの文字の色を
変更するには、

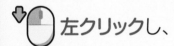 を

左クリックし、

 を

左クリックして、

色を選びます。

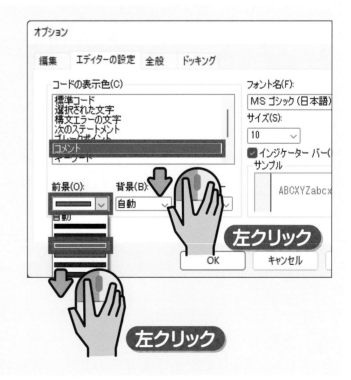

練習問題解答

第1章　練習問題解答

1 正解 … ❶

マクロとは、操作を自動的に実行するための命令書のようなものです。マクロを作成すると、マクロを実行するだけで、複数の操作を自動的に実行できます。

2 正解 … ❷

VBAとは、マクロを作成するときに使うプログラミング言語です。❶のマクロを作成するときに使う画面は、VBEと言います。

3 正解 … ❸

「開発」タブには、マクロの一覧を表示したりマクロの編集画面を表示したりするためのボタンが表示されています。「開発」タブは、20ページの手順で表示します。

第2章　練習問題解答

1 正解 … ❷

マクロを作成する方法は、主に2つあります。1つ目は、❷のエクセルの操作を記録して作成するもので、記録マクロと言います。2つ目は、❶のVBEの画面でいちからマクロを作成する方法です。

2 正解 … ❸

「マクロ」画面を表示するには、「開発」タブの❸のボタンを左クリックします。❶は、マクロの記録を開始するときに左クリックします。❷は、VBEの画面を表示するときに左クリックします。

3 正解 … ❶

マクロが記録されたファイルを保存するには、ファイルの種類を❶の「Excelマクロ有効ブック」として保存します。❷の「Excelブック」として保存すると、マクロは保存されないので注意しましょう。

第3章　練習問題解答

1 正解 … ❶

VBEとは、❶のマクロを作成したり編集したりするときに使う画面のことです。「開発」タブの「Visual Basic」を左クリックすると、VBEの画面を表示できます。

2 正解 … ❸

記録マクロは、Subから始まりEnd Subで終わります。Subのうしろには、❶のマクロ名が指定されます。先頭に「'（シングルクォーテーション）」ついた文字の❷は、マクロのメモのようなものでコメントと言います。

3 正解 … ❷

VBEの画面からエクセルの画面に切り替えるには、VBEの画面で❷のボタンを左クリックします。❶は、ファイルを上書き保存するときに使います。ファイルを上書き保存すると、マクロも同時に保存されます。

第4章　練習問題解答

1 正解 … ❶

記録したマクロや作成したプログラムは、標準モジュールという場所に追加されます。

2 正解 … ❶

基本的なプログラムは、Subから始まりEnd Subで終わります。Subのあとには、❶のマクロ名を指定します。「MsgBox "VBAの練習"」は、プログラムで実行する内容です。ここでは、「VBAの練習」というメッセージを表示する内容になっています。

3 正解 … ❷

プログラムを書くときに、行頭で❷のキーを押すと、文字カーソルが右側に移動します。❸のキーを押すと、右側に移動した文字カーソルが左側に戻ります。❶のキーは、日本語入力モードのオンとオフを切り替えます。

第5章　練習問題解答

1 正解 … ❸

❸の変数は、プログラムの中で使う文字や値などを一時的に入れておく箱のようなものです。❶は、VBAで利用する関数です。VBA関数は、エクセルのワークシートで使うワークシート関数とは異なるものです。

2 正解 … ❷

MsgBox関数は、メッセージを表示する関数です。メッセージに文字を表示する場合は、文字列を「"」(ダブルクォーテーション)で囲みます。

3 正解 … ❶

If文を使うと、指定した条件に一致するかどうかによって、実行する処理を分岐できます。条件に一致する場合は「処理A」、条件に一致しない場合は「処理B」が実行されるように指定できます。

第6章　練習問題解答

1 正解 … ❷

ここでのボタンは、左クリックすると、プログラムの処理が実行されるボタンのことです。ボタンを作成するには、四角形などの図形にプログラムを登録します。

2 正解 … ❷

ボタンにプログラムを登録するときは、❷を左クリックします。作成済みのプログラムの一覧が表示されるので、登録したいプログラムを選択します。

3 正解 … ❸

ボタンの大きさを変更する場合は、ボタンを右クリックして選択します。ショートカットメニューが表示されたら、Escキーを押します。ボタンを左クリックすると、プログラムが実行されてしまうので注意してください。

第7章　練習問題解答

1 正解 … ❶

フォームや、フォーム上に配置したテキストボックスなどの部品の名前を指定するには、❶を使います。

2 正解 … ❶

フォームにラベルやテキストボックスなどの部品を配置するには、❶を使います。❶に表示されるコントロールの一覧から配置したいボタンを左クリックして、フォーム上を左クリックします。

3 正解 … ❸

❸を左クリックすると、コードウィンドウが表示されます。選択したボタンを左クリックしたときに実行する内容を書くことができます。

著者

井上 香緒里（いのうえ かおり）

カバー・本文イラスト

北川 ともあき

本文デザイン

株式会社 リンクアップ

カバーデザイン

田邉 恵里香

DTP

五野上 恵美

編集

大和田 洋平

サポートホームページ

https://book.gihyo.jp/116

今すぐ使えるかんたん ぜったいデキます！

Excelマクロ＆VBA超入門

［改訂第2版］

2019年 9 月26日　初　版　第 1 刷発行
2024年 5 月 7 日　第 2 版　第 1 刷発行

著　者　井上 香緒里
発行者　片岡 巌
発行所　株式会社技術評論社
　　　　東京都新宿区市谷左内町21-13
　　　　電話　03-3513-6150　販売促進部
　　　　　　　03-3513-6160　書籍編集部
印刷／製本　大日本印刷株式会社

定価はカバーに表示してあります。

ISBN978-4-297-14126-4 C3055
Printed in Japan

問い合わせについて

本書に関するご質問については、本書に記載されている内容に関するもののみとさせていただきます。本書の内容と関係のないご質問につきましては、一切お答えできませんので、あらかじめご了承ください。また、電話でのご質問は受けつけておりませんので、必ずFAXか書面にて下記までお送りください。
なお、ご質問の際には、必ず以下の項目を明記していただきますよう、お願いいたします。

❶ お名前
❷ 返信先の住所またはFAX番号
❸ 書名
❹ 本書の該当ページ
❺ ご使用のOSのバージョン
❻ ご質問内容

● お問い合わせの例

❶ お名前
　技術太郎
❷ 返信先の住所またはFAX番号
　03-XXXX-XXXX
❸ 書名
　今すぐ使えるかんたん
　ぜったいデキます！
　Excelマクロ＆VBA超入門［改訂第2版］
❹ 本書の該当ページ
　68ページ
❺ ご使用のOSのバージョン
　Windows 11
　Excel 2021
❻ ご質問内容
　マクロを実行するとエラーが
　表示される

問い合わせ先

〒162-0846　新宿区市谷左内町21-13
株式会社技術評論社　書籍編集部
「今すぐ使えるかんたん　ぜったいデキます！
Excelマクロ＆VBA超入門
［改訂第2版］」質問係
FAX.03-3513-6167

なお、ご質問の際に記載いただいた個人情報は、ご質問の返答以外の目的には使用いたしません。また、ご質問の返答後は速やかに破棄させていただきます。